知の扉
シリーズ

小島寛之

論理式の読み方から、ゲーデルの門前まで

証明と論理に強くなる

JN216652

こんな人たちには、本書がお勧め！

　本書は、数学における証明のやり方と、論理式の扱い方を解説した本です。本書のテーマは、序章に詳しく書きましたから、そちらをご参照ください。ここでは、きっと本書が役立つであろう人々を、タイプ別に列挙することにします。

タイプ1　論理式の読解が苦手な方

　数学をはじめとした少なくない数理分野の書籍や講義では、論理式で内容が記述されます。論理式の読解になじんでいないと、「内容がわからない」だけでなく「表記が読めない」という二重苦に陥ります。本書では、論理式の読解法を丁寧に講義します。

タイプ2　公務員試験などの論理の問題に苦労している方

　就活や資格試験では、論理の問題が出題されます。これらの問題は、日常言語で記述されていますが、実は数学の論理の問題です。この手の問題は、フィーリングで解いている限り、いつまでたっても上達しません。本書で、論理式の真偽を学べばハウツーが身につけられます。

タイプ3　数学の証明を勘でやっている方

　多くの人は数学の証明で苦心していることと思います。しかし、証明とは単なる推論規則の適用にすぎず、実は十数個の規則だけでまかなわれています。一度、その規則をわかってしまえば、証明を読んだり実行したりすることが、かなり楽になるでしょう。

タイプ4　中高生に証明や論理を教えるのに苦労している先生方

　中高生の数学の授業で証明や論理を教えるのは、非常に難しい仕事です。ともすると、丸暗記の押しつけに陥り、学生たちを数学嫌いにしてしまいます。本書の中には、証明教育や論理教育のヒントが散りばめられています。

タイプ5　思考とか認識ってどういうこと？という疑問を持つ方

　私たちが「ものを考える」とは、いったい何をしているのか。これはとても難しい問題です。このような「人間の認識とは何か」を解くカギは、証明と論理の中にあると言っても過言ではありません。

　これらのいずれのタイプにあてはまる方は、ぜひ本書を手にとってみてください。

もくじ

5

「証明」と「論理」を学ぶと
何の役に立つのか？

序　章

本書のテーマは？

　本書は、タイトルの通り、「証明」と「論理」について解説したものです。これらは、主に、論理学と数学の中で研究されています。ただ、それだけでは収まらず、哲学や情報科学や人工知能や言語学やゲーム理論などの分野でも研究されます。それもそのはず、「証明」と「論理」は、人間の認識の方法について考える分野なので、「認識」というものを扱う分野はすべて関わってくるからです。

　「証明」と「論理」が、そのような広い分野で興味の対象となっているわけですから、多くの人が本書の読者対象であることは言うまでもありません。他方で、読者が本書を読むべきかどうかは、読者の必要と本書のテーマが適合しているかどうかがカギとなります。言い換えると、筆者の興味と読者の利益がどの程度合致しているか、ということです。

　そこで、まず、この第1章で、筆者がなぜ本書を書こうと思ったのか、そして、本書をどんな問題意識で書いたか、それらについてまとめます。それを知れば、読者は本書を手にするべきかについて参考になるだけでなく、本書を読むときの道しるべも与えられるからです。

「論理的」の論理ってなに？

　私たちは、社会人であろうが学生であろうが、日々、「何か
を説明する」という場面に直面します。自分がしたいこと、相
手にやってもらいたいこと、仕事の段取り、競技のルール、会
議での提案、教科試験での解答などなど、「何かを説明する」
場面は日常茶飯です。このとき、人から「もっと論理的にしゃ
べれ」とか「君の言うことは全く論理的ではない」などと批判
されたりします。ここで人が言う「論理」とはいったい何で
しょうか。「論理的」と「非論理的」とは、どこで線引きされ
るのでしょうか。

　筆者について言えば、数学での「証明」については、学生時
代に違和感を持ったことは一度もありませんでした。自分が正
しい「証明」だと理解するものは専門的にも正しい「証明」で
あり、「証明」として変だぞと思うものは、専門的に誤った「証
明」でした。

　しかし、数学以外の「論理的言説」については、「全く良く
わからない」という感触を持つことが多かったです。とりわ
け、国語の論説文で苦労しました。どうしてその選択肢が正解
なのか、理解できないことがけっこうあったのです。また、大
人が子供にする、あるいは、教師が生徒にする、説教や諭しに
いかなる「論理性」があるのか、何が正しくてどれは誤ってい

るのか、さっぱりわかりませんでした。例えば、「学生の本分は勉強である。だから、君は勉強しなければならない」とか、「そんな考えでは大人になって後悔するぞ。私の言う通りにしなさい」のような言説。これらに類した説教をしばしば耳にしましたが、大人や教師の言説がどう「論理的」なのか、ほとんど納得できませんでした。

　これらのことは、「日常言語がどのような論理構造になっているか」ということと関係しています。残念ながら、これについて明快な解答を与えることは本書ではできません。本書の標的は、数理的な論理であって、日常言語の論理ではないからです。しかし、この2つは密接な関係を持っていますから、大きな参考にはなるでしょう。本書では「日常言語の論理」にもたびたび触れています。

公務員試験・資格試験の 　論理問題はどう解く？

　世の中で、「証明」と「論理」の能力が問われる場面は多くあります。大学入試の数学では論理は必須ですが、それだけではありません。公務員試験・資格試験・就職の適正試験などで実施される「論理的推論」もそうです。このような試験が課される理由は、数学や理科や歴史などの教科内容を試験すると、

修学経験や専門の差が出て公平でないと考えられていることにあるでしょう。「論理的推論」を、教科の垣根を越えた普遍的な認識手段だと考え、その能力を見ることで応募者の知的能力を測ろうというわけです。

これらの「論理的推論」の試験問題は、「日常言語」の形で出題されますが、実は、「日常言語の論理」に見られる曖昧性はほとんどありません。なぜなら、これらの問題は、みかけは日常言語的であっても、数学の論理（数理論理）で解けるように作られているからです。

見たところ、たいていの学生さんたちは、これら「論理的推論」の問題を勘とかフィーリングで解いています。そうやっていては、正答しても誤答しても、その理由を理解できないでしょう。

本書では、「論理的推論」の試験を受けなければならない学生さんに向け、多少は勉強の指針を与えるように書いています。本書を読破した後、「論理的推論」の問題集にあたれば、きっと以前よりも理解が良くなっていると思います。

中高生に論理を教えるには
　　どうしたら良いか？

筆者はかつて、塾や予備校で数学を教えた経験があります。

筆者が最も困ったのは、中高生に「論理」を教えたときでした。「論理」を教える場面は2つありました。第一は、「論理そのもの」を教える場面、第二は、「証明」を教える場面です。

「論理そのもの」を教える場面、というのは、数学の教科書の「集合と論理」の単元です。これは、論理記号の意味を教え、論理式（命題）の「真」「偽」（真理値と言います）を教える単元です。この単元の教育で困るのは、「いったい何の役に立つのかがさっぱりわからない」、という点です。確かに、論理式への真理値の割り当ての法則は、完全に数学的であり、それを操作することは1つの数学的構造の勉強にはなります。しかし、「論理」というのが人間の認識方法を表したものだとすると、いったいそれとどういう関係があるのかがさっぱりわからないのです。また、日常の言語を操作する上で役立つようにも全く見えません。筆者には、学習者をいたずらに混乱させるだけの無益な単元に思われて仕方ありませんでした。

「証明」を教える場面では、ことはもっと深刻でした。高校で教わる「集合と論理」は、「証明」の手続きとは無縁です。それもそのはず、論理学においては、論理式の真理値は「意味論」に属し、「証明」は「構文論」に属し、立脚点が違うのです。したがって、教科書の「集合と論理」の単元をいくら勉強しても、「証明」ができるようにはならないし、「証明とは何か」がつかめるわけではありません。

さらに困ったことには、「証明」が初めて教科書に登場するのはもっと早期、中学の幾何においてなのです。「集合と論理」は高校の単元ですから、幾何で「証明」を教える際に「論理」に触れるわけにはいきません。結局、「証明」をある種の「しきたり」、もっと言えば、単なる「意味不明な呪文の暗記」として教えるしかありません。生徒たちにとってこんなに苦痛なことはないでしょう。また、心ある教師ほど、これに心を痛めるでしょう。「論理とは何か」「証明とは何をすることか」について、きちんとした知識を持たない教師は、「こうやればいいんだという作法の押しつけ」に陥ってしまうからです。

　実際、筆者も2つの場面両方で、苦悶を経験しました。「論理」も「証明」も、自分はなぜか幸運にも生来的に理解できました。しかし、どうして自分が理解できるのか、それが良くわからないから、生徒たちにうまく伝えることができません。だからと言って、頭ごなしに「こうやればいいんだ」と押しつけもしたくはありませんでした。このような苦悶が、筆者を論理学の勉強に駆り立てたのでした。

　本書では、「証明」と「論理」について、それぞれを別個に、懇切丁寧に解説をします。あなたが生徒さんの身分であれば、本書を読むことで、独力でそれらを克服できるでしょう。あなたが数学の先生の身分であれば、教え方のヒントをつかむことができるでしょう。

数学はなぜいつも正しいのか？

　筆者が若い頃のある時期から抱き始めたのは、「数学はなぜいつも正しいのだろう？」という素朴な疑問です。

　物理では、天動説が地動説に覆ったりしました。また、熱現象は「熱素」という物質が流れていくことと唱えられた後、そうではなく、分子の集団運動の運動エネルギーが衝突によって伝わっていくものだと改められました。生物学では、伝染病は悪霊のたたりではなく、細菌の感染によるものだと解明されました。さらには、生物は最初からその形で存在したのではなく、進化によって分岐してきたことも明らかにされました。このように、数学以外の科学分野では、法則は覆り、改められます。

　しかし、数学においては、一度正しいと証明された定理に例外が発見されることはありません。ピタゴラスの定理は、紀元前にピタゴラスによって証明されて以来、ずっと真実のままです。素数が無限個あることも、『ユークリッド原論』で証明されていますが、その後に「やっぱり有限個でした」などとなっていません。数学において、一度「正しい」という証明が与えられた定理は、（証明自体に見落としがない限り）、決して覆ることがないのです。

　筆者は、このことを不思議だと思うようになりました。そし

て、このことを納得するには、数学において「正しい」とはどういうことか、また、数学における「証明」とは何であるか、をきちんと理解する必要を感じました。筆者が数理論理を独習した大きな動機の1つはこれだったのです。

「数学の証明は、いつも正しい定理を導く」ということは、数理論理において「**健全性**」と呼ばれる性質です。本書では、この「健全性」を詳しく解説しますから、同じ疑問を抱いた経験のある読者を、同程度の納得に導くことができるでしょう。

なぜ、三角形の内角の和が 180°でない世界がある？

数学で証明される定理がいつも正しい一方で、数学では「同じ計算の答えが世界によって異なっている」ということもあり、とまどった人も多いでしょう。

例えば、中学で教わる平面幾何学では、「三角形の内角の和は180°である」と証明されます。それはもう、非の打ちどころのないみごとな証明です。しかし、球面の幾何学では「三角形の内角の和は180°より大きい」と結論されます。実際、球面の幾何学ではこのことがきちんと論証されます。三角形の内角の和という同じ計算が、一方では180°、他方では180°より大、と「証明される」とはいったいどういうことでしょう。こ

れは矛盾ではないのでしょうか。

　全く似たようなことが方々にあります。私たちが中高で教わる数学では1＋1は2です。しかし、他方で、1＋1が0となる代数も実際あります。これはどういうことでしょうか。そもそも1＋1＝2はどうやって証明されるのでしょうか。

　これらのことは、「公理系」というものを学ばないと理解できません。「公理系」とは、数学を操作するゲーム盤のようなものです。「公理系」は、「言語」と「公理」と「推論規則」からできています。その中の「公理」が世界を特徴付けて区別します。他方、「推論規則」はすべての公理系（ゲーム盤）に共通のルールです。このことは、中高大の数学をただ漫然と勉強するだけでは見えてきません。数理論理を学んでこそ初めてわかることなのです。本書の後半では、「公理系」についての詳しい解説を行います。

証明法には、何か根拠があるのか？

　数学が得意な人は、数学の証明法、例えば、「背理法」とか「数学的帰納法」とかを自然に使いこなせるようになったことでしょう。しかし、用心深くものを考える人、何でも根本的なところが気になってしまう人は、「背理法や数学的帰納法は、いったい何をやっているのだろう。そして、なぜ正しいのだろ

う？」という疑問を持ったかもしれません。

　実際、筆者はそういう疑問に突き当たりました。自分では、これらの証明法を簡単に会得できましたが、それがどうして正しいのか、明確にはわかりませんでした。そもそも「証明法として正しい」とはどういうことかも疑問となりました。とりわけ、中高生にこれらの証明法を教えているときには、「例え話」で強引に納得させる顛末に陥り、心の中では秘かに「それじゃ、数学じゃない」という罪悪感を持ちました。

　もしも読者が、こういう疑問を持ったならば、それはとても鋭い疑問なのです。安心してください、答えは論理学の中にあります。本書を読めば、「証明法として正しい」ということの意味が理解できるはずです。

数理論理の教科書は
　　なぜわかりにくいのか？

　以上のような、あるいは他の、さまざまな問題意識から、数理論理学の教科書をひもといた経験を持つ読者もおられるでしょう。そして、そのうちの多くの人はきっと、困惑に陥ったことでしょう。筆者もこれまで述べた疑問を解決しようと、何冊もの数理論理学の教科書に挑戦しましたが、いつも大きな困惑に直面しました。それは、ほとんどすべての数理論理学の教

科書が、以上のような素朴な疑問を解決してくれるものではなかったからです。

　その理由は、数理論理学の教科書が、「数理論理学という数学分野」の研究のための本であって、私たち一般人の素朴な疑問に答えるための本ではないからです。

　例えば、「証明」において使うことが許される「推論規則」が提示されるとき、たいていは、全く見たことのない、わけのわからない「規則」となっていて頭を抱えます。それは、「ヒルベルトの体系」または「ゲンツェンのシークエント計算」、あるいはその派生形です。これらは決して、私たちが普段の数学で使う論法ではありません。なぜそんな奇妙な体系を使うのか、というと、「数理論理学」という固有の数学を展開する（数理論理学の定理を証明する）には、それらの体系のほうが便利だからに他なりません。しかし、これらの「推論規則」は、私たちの普段の論理的推論とあまりに見かけが異なるので、理解するのに大きな努力を要するうえ、「論理的推論ってなに？」という、私たちの疑問の出発点には答えてくれないのです。このことが、多くの一般の読者を論理学から遠ざけてしまう原因だと思います。

　筆者は、何冊もの教科書を読んでいく中で、数学で普通に使われる論法に非常に近い体系を見つけました。それが「自然演繹」と呼ばれる体系です。学校で教わる数学の「証明」は、す

べて「自然演繹」の規則に対応づけることが可能です。また、そうすることで、数学の「証明」というものを、前よりも明確に捉えることが可能となります。

　本書では、「自然演繹」を丁寧に解説します。自然演繹を理解することは、「証明とは何をしていることか」を理解することであり、また、「証明のハウツー」を会得することになるからです。

ゲーデルの定理とは
　　　どう証明されるのか?

　筆者が「ゲーデルの定理」を知ったのは高校生の頃で、それ以来、この定理を理解したい、という目標を持ちました。ゲーデルの定理は2つあって、1つは「**完全性定理**」、もう1つは「**不完全性定理**」です。「完全性定理」とは、「述語論理の1つの体系において、その体系の任意のモデルで正しい定理はその体系で証明できる」というものです。ざっくり言えば、「普遍的に正しい論理式は数学で証明できる」という感じでしょう。「不完全性定理」とは、「自然数の公理系には、その体系で証明も否定もできないような論理式がある」という衝撃的な定理です。「不完全性定理」のほうに、多くの人は魅力を感じるようです。

この2つの定理は、大変魅力的でありながら、一般の人が理解するのは大変です。その理由は、この定理の証明が難しいということもありますが、それ以上に、この2つの定理を理解するためには、「論理とは何か」「証明とは何か」ということをかなり綿密に勉強しなければいけない、という苦難の道が広がっているからです。不完全性定理についての多くの啓蒙書は、「論理とは何か」「証明とは何か」の説明が不十分なため、納得感を与えることができないように思えます（筆者は実際、良くわかりませんでした）。

　本書は、この2つの定理の完全な解説を諦めました。この本の紙数で完全な証明を書くのは不可能だし、また、専門家ではない筆者の能力をはるかに超える作業で、全く自信がないからです。それを諦めた上で、別の貢献を志しました。それは、「論理とは何か」「証明とは何か」について、非常に詳しくわかりやすく解説することで、「ゲーデルの定理」を理解する土台を与えることです。本書は、最後の章で、読者をゲーデルの定理の門前まで案内します。読者がこの最終章を読んだあとに、これら2つの定理に他の啓蒙書なり教科書で挑戦するなら、きっと、本書は大きな手助けとなり得るでしょう。

私たちの認識ってどういうもの?

いろいろ言ってきましたが、筆者が本書に込めた最も大きなテーマは、以下のことです。

論理学を学ぶ最も大きな意義とは、詰まるところ、「私たちがものを考える」のはどういう仕組みで、「私たちの認識」とは何か、ということを考えることにあると思います。そもそも、「私たちの認識」について考えること自体も「認識」の一種ですから、これは「**メタ的**」な問いになります。メタとは、「超～」とか「高次～」とか「高階の～」というような接頭詞で、「自分で自分に言及する」ようなものに用いられます。論理学とはメタの学問なのです。

「認識について認識すること」は、自己言及的であり、決して完全解決することはできないでしょう。しかし、「証明」と「論理」を学ぶことで、「認識」に対する理解を深めることは可能です。筆者が本書を書きたかった最も大きな動機は、このことにあります。「証明」と「論理」を学ぶことは、「自分の思考」を外側から客観的に捉えることに役立つし、また、子供たちに数学や他のさまざまな教科を教えることにも役立つはずです。さらには、他人とのコミュニケーションにも有益なことでしょう。そういう人間の知的営みの根幹に触れるような本を、筆者は提供したいのです。

さあ、それではいよいよ、「私たちの頭の中への旅」に出発しましょう。

第1部

論理式に慣れよう

論理記号を読めるようになる

第1章

論理とは、私たちの認識

　論理とは、おおざっぱに言えば、私たちの認識や推論を形にしたものです。もちろん、私たちの認識には、感情や美意識や音感などさまざまな様相があり、論理がすべてではありません。しかし、人間が世界を認知し、推理し、理解する際に、論理は本質的です。さらには、他人とのコミュニケーションを言葉で行う場合、論理は重要な役割を担います。

　このような論理を数学の方法で具体化したものが、**数理論理**と呼ばれる分野です。本書では、数理論理の方法を使って、人間の認識に迫って行きます。

論理記号に慣れよう

　論理に強くなるための最初の一歩は、論理記号に慣れることです。私たちは、「かつ」「または」「ならば」「でない」など、論理の中に出てくる用語を日常的に会話の中でも使っています。しかし、それを記号で表すことがほとんどありません。中高の数学の授業においてさえ、通常は、論理記号を用いません（高校数学で「集合と論理」の単元を習う場面では当然、使います。また、大学の数学講義では、論理記号を好んで用いる教員も見かけます。しかし、一般的には使われません）。し

たがって、私たちが論理学を学ぶときに最初に心掛けるべきことは、「論理記号に対するアレルギーを克服する」ことなのです。

　とは言っても、毎日、論理学の研究をしている論理学者でない限りは、「論理記号で思考する」という習慣は決して身につくことはありませんし、その必要もありません。しかし、日常的に用いないにしても、論理記号に親しむことはいろいろな意味で有意義です。日常会話や数学の中での入り組んだ論理を理解したいと思ったとき、それを論理式に置き直せば、冷静にその構造を分析できるからです。

　本書ではまずこの章で、「がんばれば論理記号を読める」というところに読者を導きます。もちろん、すらすら読解できる、というところまでトレーニングするつもりはありません。暗記は不要ですから、安心してください。

論理の記号は6個

　論理で使う記号は、基本的に、以下の6個です。

$$\land, \lor, \rightarrow, \lnot, \forall, \exists$$

最初の4個は、どんな論理の中でも共通に使うものですが、最後の2個は、「述語論理」と呼ばれる論理の中だけで用いられ

るものです。述語論理は、かなり高度な論理構造を持っているので，本書の前半では扱いません。この章では、最初の4個だけを解説することにし、最後の2個については、第8章で解説することとします。

∧，∨，→，¬について、その呼び名は**図1.1**のようになっています。

図1.1　論理記号の読み方、専門用語、英語

記号	日本語	専門用語	英語の専門用語	
∧	かつ	論理積	conjunction	記号の両側に主張を置く
∨	または	論理和	disjunction	
→	ならば	含意	implication	
¬	でない	否定	negation	後ろに主張を置く

論理の本によっては、これらに別の記号をあてているものもあります（例えば、→は⊃と書かれることもある）が、おおむね、この記号が使われています。

∧は、日常語の「かつ」と同じ意味です。専門用語では「**論理積**」です。「積（掛け算）」と言い表す理由はあとで説明します。∨は、日常語の「または」と同じ意味です。専門用語では「**論理和**」です。こちらは「和（足し算）」と言い表されています。その理由もあとで説明します。→は、日常語の「ならば」と同じ意味です。ただし∧と∨とは違って、この→は、私たち

が日常で「ならば」と聞いたときに受ける感覚と少しずれがあるので注意が必要です。このことは、とても大事なので、あとで何度か詳しく説明します。¬は、日常語の「でない」と同じ意味で、否定を表します。これは誤解の余地はないでしょう。

論理記号は主張から別の主張を作る

　以下、4個の論理記号、∧, ∨, →, ¬,について、それらを使った論理式が「何を主張しているか」を説明します。

　この章では、文字a, b, c, p, q,…等は、何かの「主張」を表すこととします。しかし、「主張」とは何かについて、数学的に厳密な定義はしません。ここで言う「主張」とは、数学的な主張、例えば、「3は奇数である」とか、「$2 \times 3 = 6$」などの場合もありますし、日常的な主張、例えば、「今日は雨が降っている」とか「人間は自由である」などの場合もあります。「主張」は、読者がこの言葉から連想するものの全体としておいてください。

　ここで、「主張」を言い表すとき、それが「正しい」「正しくない」ということが気になる読者がおられると思います。例えば、主張aを「$1 + 1 = 3$」としたら、「間違っているじゃないか」とかみつきたくなる人もいるでしょう。もちろん、「主張」について、その真偽が大切であることは言うまでもなく、論理

学においてもそうです。しかし、この「正しい」「正しくない」、あるいは、「真」「偽」というのは、論理学の中で理解するとき、細心の注意が必要となります。したがって、論理記号自体に習熟していないこの段階で、真偽のことまで合わせて学ぶことは得策ではありません。そこで、この章で、真偽は無視して単なる「主張」として扱っていくこととします。

さて、論理記号∧, ∨, →, ¬, はみな、1つまたは2つの「主張」から新しい別の「主張」を作る役割を果たします。∧, ∨, →, は、2つの主張から別の主張を作り出す働きをし、¬は1つの主張から別の主張を作り出す働きをします。以下、それぞれの論理記号について、それが生み出す新しい主張が何であるかを解説して行きましょう。

新しい主張の生成

まず、主張aと主張bに対して、a∧bは、「aかつb」という主張を表します。これは、aとbの両方が成り立つ、という主張です。具体例は、図1.2を見てください。

図1.2 ∧で生成される主張

記号	主張
a	今日は雨
b	今日は寒い
a∧b	今日は雨　かつ　今日は寒い

記号	主張
a	2は偶数
b	3は偶数
a∧b	2は偶数　かつ　3は偶数

図1.2の2番目の中の主張を見ると、奇妙な気分を持つ人もいるでしょう。主張bは、「3は偶数」という「間違った」主張、「正しくない」主張をしています。しかし、先ほど述べたように、「主張」の真偽はここでは問題にしません。気になる人のために先回りして言っておくと、「主張」というとき、それが「正しい」ことは要請されません。「間違っている」主張でもかまわないのです。

　次に、主張aと主張bに対して、a∨bは、「aまたはb」という主張を表します。これは、主張aか主張bか、少なくともどちらか一方は成り立つことを主張するものです。もちろん、それには両方が成り立つ場合も含められています。具体例は図1.3です。

図1.3　∨で生成される主張

記号	主張
a	彼はコーヒーを注文する
b	彼は紅茶を注文する
a∨b	彼はコーヒーを注文する または　彼は紅茶を注文する

記号	主張
a	3＜5
b	3＜1
a∨b	（3＜5）または（3＜1）

図1.3の前者の例では、日常語の場合は、a∨bを「彼は、コーヒーまたは紅茶を注文する」と言い表すことが多いでしょう。日常語ではかなり多様な表現があるため、論理式を日常語に翻訳する仕方も非常に多様なのです。

　3番目として、主張aに対して、¬aは、「aでない」という主張を表します。これは、「主張aが成り立たない」と主張するものです。あまり必要ないとは思いますが、念のために例を図1.4に提示しておきましょう。

図1.4　¬で生成される主張

記号	主張
a	この花は赤い
¬a	この花は赤くない

記号	主張
a	$1 + 1 = 2$
¬a	$1 + 1 = 2$でない

ちなみに、図1.4の後者について、主張a「$1 + 1 = 2$」に対する¬aは「$1 + 1 \neq 2$」と記すことがあります。「$\neq$」は「等しくない」を表す数学記号です。

　最後に、主張aと主張bに対して、a→bは、「aならばb」という主張を表します。これは、「主張aが成り立つ場合に必ず主張bが成り立つ」という主張を表すものです。図1.5がその例です。

　実は、この主張「aならばb」が具体的にどういうことを意味するかを簡単に説明することは大変難しいのです。なぜなら、このa→bは、論理学の中での意味と、日常の言語の中での意味との間で、けっこう大きなズレがあるからです。日常の言語の中では、「ならば」は非常に多様な意味を持ち、曖昧な使い方がされるのに対して、論理学（数学）の中では厳密に定義されます。多くの人が、論理を学ぶときにこんがらがるのは、この「ならば」の理解が原因だと言ってもいいと思いま

す。したがって、本書の前半では、このa→bという論理式の理解にかなりの重きを置き、丁寧に解説していきます。そういうわけで、この節では、a→bの意味をきちんとは説明せずに先に進むこととします。

図1.5　→で生成される主張

記号	主張
a	明日、雨である
b	遠足は中止
a→b	明日、雨である、ならば、遠足は中止

記号	主張
a	$1 + 1 = 3$
b	$1 + 2 = 4$
a→b	$1 + 1 = 3$ならば$1 + 2 = 4$

以上で4個の論理記号の説明が終わりました。

3つの主張を接合する

前節で見たように、∧、∨、→は、いずれも、2つの主張を接合して別の主張を作り出す論理記号でした。したがって、これらを使って、3つの主張を接合することもできます。

例えば、a、b、cをそれぞれ主張とするとき、aとbを∧で

接合して論理式a∧bを作ったあと、さらにcを接合して、(a∧b)∧cという論理式を作ることができます。接合した順番をはっきりさせるため、カッコをつけてあります。これは当然、「(aかつb)かつc」という主張になります。具体的には、例えば、「(彼女は美人かつ彼女は聡明)かつ彼女は素直である」というような主張です。この具体例を眺めると、(a∧b)∧cのカッコは不要だと思えてくるでしょう。実際、(a∧b)∧cとa∧(b∧c)が同じ内容の論理式になることが、あとでわかります。したがって、この2つをどちらも、a∧b∧cと略記しても、困ることは全くありません。このことを図1.6にまとめてあります。

図1.6

略記の論理式	元の表記	意味
a∧b∧c	(a∧b)∧c, a∧(b∧c)	aかつbかつc

このことは、(a∨b)∨cでも同様です。この論理式が、a∨(b∨c)と意味的に同じことは、「(コーヒーを注文する、または、紅茶を注文する)、または、緑茶を注文する」という例を考えれば火を見るより明らかでしょう。したがって、(a∨b)∨cとa∨(b∨c)をともに、a∨b∨cと略記します。それが図1.7です。

図1.7

略記の論理式	元の表記	意味
a ∨ b ∨ c	(a ∨ b) ∨ c, a ∨ (b ∨ c)	a または b または c

　専門的にいうと、(a ∧ b) ∧ c と a ∧ (b ∧ c) が「同じ意味」とか、(a ∨ b) ∨ c と a ∨ (b ∨ c) が「同じ意味」における「同じ意味」は、「同値」と呼ばれるのですが、このことは第4章できちんと解説します。

　一方、→ (ならば) については、このような略記が成り立ちません。(a→b)→c と a→(b→c) は、論理式として意味が異なるからです。しかし、(a→b)→c と a→(b→c) が主張することを理解するのは容易ではないです。たいていの人にとって、「ならば」が2つ以上含まれる主張は意味がわからないものです。私たちは、「ならば」を2つ以上含むような主張を日常会話の中で用いることは滅多にありません。

　かろうじて使うのは次のような場面でしょうか。すなわち、「(その行為がお金になるならば君はその行為を行う)、というのならば、私は君を軽蔑する」というような文言でしょう。もうちょっとニュアンスがはっきりするように意訳すると、「君がお金になるようなことばかりをするような人なら、私は君を軽蔑するよ」というような感じです。

　これのカッコの位置をずらして、「その行為がお金になるならば、(君はその行為を行うならば、ぼくは君を軽蔑する)」と

してみます。さきほどの文言と、かなりニュアンスが異なると感じられると思います。これが適切な例かどうかはわかりませんが、とにかく、→を2つ以上つなぐと意味が取りにくくなることは実感できるでしょう（図1.8）。

図1.8　→は接合順序で意味が異なる

論理式	意味
(a→b)→c	(aならばb)ならばc
a→(b→c)	aならば(bならばc)

意味が異なる

論理式の優先順位

4個の論理記号（∧，∨，→，¬）を組み合わせると、非常に複雑な主張を作り出すことができます。その場合、4個の記号の優先順位が大事になります。

例えば、論理式

$$¬a ∨ b$$

は、どう読んだら良いでしょうか。つまり、「でない」は、aだけにかかっているのか、a∨b全体にかかっているのか、ということです。¬は、∨，∧，→に優先します。したがって、上の論理式は、

$$(¬a) ∨ b$$

の意味になります。この主張は、「aでない、または、bである」

というものです。「でない」が、a∨b全体にかかっているように
したい場合には、カッコを明示して、

$$\neg(a \lor b)$$

と記さなければなりません。同様にして、論理式、

$$\neg a \to \neg b$$

は、

$$(\neg a) \to (\neg b)$$

の意味となります。この主張は、「aでない、ならば、bでない」
というものです。

　∧，∨，→の間の優先順位は、∧と∨が、→より優先され
る、とするのが一般的です。例えば、論理式

$$a \lor b \to c$$

は、論理式、

$$(a \lor b) \to c$$

の意味となり、「(aまたはb) ならばc」という主張を意味しま
す。∧と∨の間の優先順位も決められているようですが、カッ
コを使って表現するほうが無難でしょう。実際、∧と∨の両方
が使われる論理式 (a∨b)∧cは、論理式a∨(b∧c) と異な
る主張であることがあとでわかります。どちらを先に接合して
いるかを明記したほうが安全です。

　優先順位をまとめたのが、図1.9です。

図1.9　論理記号の優先順位

	記号
1	¬
2	∧, ∨
3	→

上にあるほど
優先される

少し練習してみよう

　以上で、論理式が何を主張するものかの解説は終了しました。まとめとして、少し練習問題をやってみましょう。

　まず、論理式が主張することを日本語に翻訳する練習です。

例題

a：授業に出席する，b：勉強する，c：試験に合格する

として、次の論理式の主張を日本語に直せ。

$$\neg a \lor \neg b \to \neg c$$

第1章　論理記号を読めるようになる

解答

優先順位が、¬，∨，→の順であることに注意しましょう。順位が明らかになるようにカッコをつけると、

$$\{(\neg a) \lor (\neg b)\} \to (\neg c)$$

したがって、この論理式が主張することは、

「(授業に出席しない、または、勉強しない)、ならば、試験に合格しない」

＊　　　＊　　　＊

次に、日本語で書かれた主張を論理式に直す例題を練習してみましょう。

例題

四角形ABCDに対して、「AB = DC」を主張a、「AD = BC」を主張b、「ABとDCが平行」を主張c、「ADとBCが平行」を主張d、とするとき、次の主張を論理式で書きなさい。

主張 「ABとDCが平行でADとBCが平行ならば、
　　　　AB = DC でAD = BCとなる」

解答

主張は、「かつ」を用いて、「ABとDCが平行かつADとBCが平行、ならば、AB = DCかつAD = BCとなる」と言い換えら

れる。∧が→に優先することに注意して、これを論理式に直す
と、

$$c \wedge d \to a \wedge b$$

となる。(カッコを用いて、$(c \wedge d) \to (a \wedge b)$でも良い)

* 　　　 * 　　　 *

練習問題1.1

主張a：$xy = 0$, 主張 b：$x = 0$, 主張c：$y = 0$
として、次の論理式の主張を日本語に直せ。

$$a \to b \vee c$$

練習問題1.2

「妻が良妻である」を主張a、「幸せになれる」を主張b、「哲学
者になれる」を主張c、とするとき、次の主張を論理式で書き
なさい。ただし、「妻が悪妻である」は、「妻が良妻でない」と
解釈すること。

主張「妻が良妻であるならば幸せになり、かつ、妻が悪妻であ
るならば哲学者になれる」

論理式の真偽は考える世界で変わる

第2章

論理式に「正しい」「正しくない」をあてはめる

　前章では、論理式を「主張」として読みとく方法を解説しました。そのときに、それらの「主張」が、「正しい」「正しくない」を考えないで欲しい、と注意しました。それは、私たちが主張を頭に浮かべるとき、どうしても正しいか正しくないかを意識し、それにこだわってしまう癖があるからです。それは論理式の理解を妨げます。とりわけ、「証明」という手続きを学ぶとき、論理式の「正しい」「正しくない」が圧倒的に足手まといになるのです。

　本書の目次立てを作るとき、論理式の真偽と、論理式の証明とどちらを先にするか、すごく迷いました。迷った末、論理式の真偽を先にすることを決断しました。なぜかというと、論理式を主張として読むとき、勝手に真偽を想起されてしまうぐらいなら、むしろ先にきちんと解説し、「わかった上で念頭から真偽を消す」ことをしてもらったほうが良いのではないか、と思ったからです。

　論理式の真偽が論理の理解の妨げとなる第一の理由は、論理式の真偽というのが「想定している世界」によって変わってしまうことです。そこが論理式の証明と決定的に異なるところです。論理式の証明では、あとで解説するように、「想定している世

界」は関係ありません。

　妨げとなる第二の理由は、数学で論理式の真偽を決めるのはその証明だ、という事実です。「証明されたから正しい」とするのが数学の流儀です。こうなると、真偽と証明は渾然一体のものとなってしまいます。しかし、論理学においては、真偽と証明は全く別に定義されます。それで論理を学ぶ多くの人は混乱をきたしてしまうことになるのだと思います。（筆者は少なくともそうでした）。

　この章では、論理式の真偽について解説しますが、以上のように理解の障壁が存在することから、普通の論理の教科書とはちょっと違うアプローチを試みます。それは、「可能世界」という哲学上の概念の助けを借りて解説することです。

「可能世界」ってなんだろう

　論理を「正しい」「正しくない」から扱う立場を「**意味論（semantics）**」と呼びます。論理式に「正しい」「正しくない」を割り当てる方法は高校数学で教わりますが、多くの高校生はモヤモヤして良く理解できないのではないか、と思います。なぜなら、論理式に「正しい」「正しくない」を割り当てるためには、「どの世界での話か」ということがつきまとうからです。

　例えば、「$x^2 = -3$ となる x が存在する」という主張を考えま

しょう。この主張は、実数（我々が普通に数と思っているものの全体）の世界では「正しくない」です。0以上の数も、負の数もすべて2乗すれば0以上だからです。他方、複素数（実数に虚数単位iを付加して広げた集合）の世界では「正しい」です。

　日常でも、「私の住む町は今日、雨である」という主張をpとするとき、ある日にはpは「正しい」し、別の日にはpは「正しくない」でしょう。

　このように、論理式を主張として見るとき、「どの世界で考えているか」を明示しないと「正しい」「正しくない」を決めることができないのです。

　しかし、論理学では、論理式をある意味で「世界のありようから独立して」普遍的に考えたいのです。ここに論理を「正しい」「正しくない」の見方で扱うときの困難が横たわっています。この困難を乗りこえるには、「ありうる世界をすべてひとまとめにして考える」ことが必要になります。この「ありうる世界をすべてひとまとめにして考える」ことを実現する方法論が、哲学で考え出されました。それは「**可能世界**」と呼ばれる方法論です。

　「可能世界」と聞くと難しく感じるかもしれませんが、我々は日常的にこのような世界を想定しています。例えば、「今日、雨じゃなかったら、外で遊べたのに」というときは、「今

日は雨が降っているが、降っていないこともありえたろうし、そうだったら外で遊べた」ということを空想しています。これが「ありえた世界」、すなわち、「可能世界」です。文学やSFなどのフィクションはすべて「可能世界」と言えます。

　先ほど例としてあげた複素数（実数に虚数単位iを付加して広げた集合）の世界は、負の数の平方根が存在するようにねつ造した「架空の世界」と言っても過言ではなく、まさに可能世界の最たるものでしょう。

命題記号と可能世界

　今、何かの「主張」をpという文字で表すことにします。pは「主張」ですから、「今日は、雨である」とか「$1 + 1 = 2$」とか「6は素数である」などを表すものです。このようなあらゆる「主張」を抽象的にpという記号で表しています。このようなpのことを「命題記号」と呼びます。「命題」という新しい言葉が出てきましたが、これは今まで「主張」と言っていたものを専門用語にしたものだと理解してください。

　そのような命題記号pそれぞれに対して、pが「正しい」世界と「正しくない」世界を両方考えます。これが可能世界です。例えば、世界w_1ではpは「正しい」、世界w_2ではpは「正しくない」などとなるように世界w_1と世界w_2を設定するので

す（図2.1）。

図2.1　命題記号が１つのときの可能世界

可能世界	命題記号pのあり方
w_1	正しい
w_2	正しくない

　命題記号pが「今日は雨」を表すなら、今日をいつにするかで、pが正しい世界w_1と、pが正しくない世界w_2があることは理解できるでしょう。しかし、pを「$1+1=2$」としたとき、pが正しくない世界があることはにわかには理解できないかもしれません。しかし、可能世界の「可能」とは、フィックションも含む言葉だということを思い出せば、「$1+1=2$とならない世界w_2」がフィックションとして存在しても良いことになります。あくまでそういう世界を「想定する」ということです（念のため言うと、数学では、$1+1\neq2$なる世界を作り出すことは簡単です。例えば、$1+1=0$となる世界を第5章で紹介します）。これは2つの世界が先にあって命題記号pに「正しい」「正しくない」が決まる、というのではなく、命題記号pが先にあって、それが「正しい」世界をw_1と、それが正しくない世界w_2とを作り出している、という感じなのです。

　命題記号がp、qと2つある場合には、可能世界は4つ設定しなければなりません。両方が「正しい」ような世界w_1、pは

「正しくない」がqは「正しい」ような世界w_2、pは「正しい」がqは「正しくない」ような世界w_3、両方とも「正しくない」世界w_4の4個の世界です。

　歴史的に言うと、可能世界は、17世紀の数学者・哲学者のライプニッツが考え出しました。その後、20世紀の哲学者ウィトゲンシュタインとカルナップなどの考察を経由し、決定的な形を与えたのは、20世紀アメリカの哲学者・論理学者の**クリプキ**です。

命題記号の真理値

　命題記号pについてこれまで、「正しい」「正しくない」という日常的な表現を用いてきましたが、これからは正式な表現をしましょう。正式には、「真」と「偽」、「T（true）」と「F（false）」、「1」と「0」のいずれかが用いられます。これらを命題記号pの「**真理値**」と呼びます。本書では、「正しい」には「真」を、「正しくない」には「偽」を使うことにしましょう（図2.2）。

図2.2　命題記号が1個のときの真理値

可能世界	命題記号pの真理値
w_1	真
w_2	偽

　命題記号がpとq の2つの場合は、可能世界は4個となっ
て、真理値の割り当ては、図2.3のようになります。

図2.3　命題変数が2個の場合の真理値

可能世界	命題記号pの真理値	命題記号qの真理値
w_1	真	真
w_2	偽	真
w_3	真	偽
w_4	偽	偽

　このように命題記号の真偽を決めた可能世界を考えるのは、
命題記号の接合によって作られる論理式に関して、その真偽を
決めたいからです。具体的に言うと、論理式

$$(p \lor q) \to \lnot\, p$$

のような論理式に対して、4個の各可能世界 w_1, w_2, w_3, w_4 での
真理値を決めたいのです。

　ここで確認しておきたいのは、今興味があるのは、「命題記
号を論理記号で接合してできる論理式の真理値」であって、
個々の命題記号の「内容」には立ち入らない、という立場で

す。別の言い方をすると、複数の命題記号を4個の論理記号、∧、∨、→、¬でつないで複合的な論理式を作ったとき、その真理値がどうなるか、ということだけに注目するのです。言ってみれば、文章を接続詞の働きだけ見て、内容は考えないようなものです。命題記号が主張する「1＋1＝2」などに対して数学的な内容を検討するためには、「述語論理」というもっと豊かな論理構造が必要になります。それについては第3部で解説します。

¬（でない）の真理値

　以下、各論理記号について、それを命題記号にほどこしたときの真理値についての取り決めを述べて行きましょう。

　まず、否定¬（でない）の真理値です。¬の真理値の規則は、図2.4のように取り決められています。

図2.4　¬の真理値

可能世界	pの真理値	¬pの真理値
w_1	真	偽
w_2	偽	真

　ちなみに、このような論理式の真理値を表にしたものを「真偽表」と呼びます。

要するに、pが真となる可能世界（w_1）では¬pは偽、pが偽となる可能世界（w_2）では¬pは真ということです。どの可能世界でもpと¬pの真理値は逆になっています。

　これは、日常の言語でもあたりまえと理解できるでしょう。命題記号pが「今日は雨」を表すなら、¬pは「今日は雨でない」を表します。pが正しい世界では¬pは正しくなく、pが正しくない世界では、¬pは正しいのは明らかでしょう。

∧（かつ）の真理値

　引き続いて、2つの論理式をつなぐ論理記号、∧、∨、→、について、それぞれ真理値を定義しましょう。これらは2つの命題記号pとqを接合しますから、可能世界は4通り必要になります。まずは、論理積∧（かつ）の真理値です。各可能世界において、p∧q（pかつq）の真理値は図2.5のように定義されます。

図2.5　∧の真理値

可能世界	pの真理値	qの真理値	p∧qの真理値
w_1	真	真	真
w_2	偽	真	偽
w_3	真	偽	偽
w_4	偽	偽	偽

言葉で説明すれば、p∧q（pかつq）はp、q両方が真のときのみ真で、それ以外は偽となる、ということです。「かつ」というのが「ともに」という意味合いであることから、これは納得のいく割り当てでしょう。例えば、「軽量かつ高性能」という謳い文句が正しいのは、本当に軽量で本当に高性能な場合のみ、ということです。

　ちなみに、ここで、

真→1，偽→0

のように、真偽の代わりに数字を割り当ててみましょう。このとき、

（pの数値）×（qの数値）＝（p∧qの数値）

が成り立ちます。実際、

0×0＝0，　1×0＝0，　0×1＝0，　1×1＝1

となっています。つまり、p∧qの真理値は掛け算で定義できてしまいます。それで∧は論理「積」と呼ばれます。

∨（または）の真理値

　次は論理和∨（または）の真理値です。各可能世界において、p∨q（pまたはq）の真理値は図2.6のように定義されます。

図2.6　∨の真理値

可能世界	pの真理値	qの真理値	p ∨ qの真理値
w_1	真	真	真
w_2	偽	真	真
w_3	真	偽	真
w_4	偽	偽	偽

　表を見てわかるように、論理式 p ∨ q（p または q）は p と q 両方が偽の場合が偽となり、それ以外ではすべて真となっています。例えば、「電話またはメールで連絡するよ」というのが偽になるのは、電話もメールもしなかった場合で、少なくとも片方、または両方で連絡があったときは真となるわけです。

　日常の表現において、「または」は「どちらかは」という内容を持ちますから、この真理値の割り当ては納得がいくでしょう。注意を要するのは、日常で「または」を用いる場合、「両方の成り立つケースを排している」場合がある、という点です。例えば、レストランで食事のあと、「コーヒーまたは紅茶が選べます」という場合、「それでは両方お願いします」というわけにはいきません。一方、論理学においては、（コーヒーを注文する）∨（紅茶を注文する）は、両方注文する場合も真となります。

　ここで、∧（かつ）のときと同じように、

真→1，偽→0

のように、真偽の代わりに数字を割り当ててみましょう。この場合において、

(pの真理値) + (qの真理値) = (p∨qの真理値)

という式を書いてみると、

$$0 + 0 = 0, \quad 0 + 1 = 1, \quad 1 + 0 = 1, \quad 1 + 1 = 1$$

となります。最後の1つを除くと、通常の足し算と整合的になっています。それで∨は論理「和」と呼ばれます。ただし、最後の足し算だけは普通の足し算と異なっています。この「足し算もどき」は、専門的に、「ブール代数」と呼ばれています。

→ (ならば) の真理値

残る1つは、→ (ならば) の真理値です。p→q (pならばq) の真理値は、図2.7で与えられます。

図2.7 →の真理値

可能世界	pの真理値	qの真理値	p→qの真理値
w_1	真	真	真
w_2	偽	真	真
w_3	真	偽	偽
w_4	偽	偽	真

図からわかるように、p→q (pならばq) は「pが真でqが偽」

の場合だけで偽となり、それ以外はすべて真となります。要するに、「ならば」で結んだ論理式は、「ならば」の前が真で「ならば」の後が偽の場合だけ偽で、それ以外は真となるということです。

　この→（ならば）の真理値の割り当てを、いろいろなケースに当てはめるとき、多くの学習者に混乱が起きます。なぜなら、日常の中で使う「ならば」が、必ずしもこのルールと整合しないからです。次の節でこの点について解説しましょう。

「ならば」でこんがらがるのはなぜか？

　論理学では、p→q（pならばq）という論理式は、次のような主張を意味します。

「pが成り立つとき、必ず、qが成り立つ」

重要なことは、「pが成り立たない場合」については必ず真と解釈される、という点です。この点が、日常の感覚とズレをもたらし、学習者を混乱させてしまうのです。例えば、ある人が、「雨ならば休むね」と約束したケースを考えましょう。このとき、

p：「雨である」

q：「私は休む」

とすると、ある人の主張である論理式p→q（pならばq）は、

p→q：「雨である　ならば　私は休む」

となります。このとき、その人が嘘をついたことになるのは、pが真でqが偽、すなわち、「雨であるにもかかわらず、その人が休まなかった」場合だけです。ところが、その人が「晴れなのに休んだ」場合、皆さんはどういう印象を持つでしょうか。「その人が嘘をついた」という印象を持つのではないでしょうか。

　どうしてこう思うか、というと、「pならばq」という主張には、pが原因となってqが生じるという「因果関係」の印象が含まれるからです。「雨ならば休む」というのは、雨が原因で休むという現象が起きる、と解釈されがちです。すると、晴れだった場合、「休む」ことの原因が除去されるわけだから、来て当たり前、という感覚が生じるでしょう。そういうわけで、論理学の「ならば」と日常の「ならば」に齟齬が生じるのです。

　もう1つ、面白い例を紹介しましょう。昔、小泉純一郎総理が、「構造改革なくして景気回復なし」というスローガンを打ち出しました。

p：「構造改革をしない」

q：「景気回復しない」

とすると、小泉総理の主張は論理式p→q（pならばq）で表すことができます。

この主張を論理学で扱う場合には、小泉総理が「構造改革をした」場合（pが偽の場合）には、必ず、この主張「構造改革なくして景気回復なし」（p→q）は真になります。しかし、もしも、「構造改革をした」にもかかわらず、「景気回復しなかった」としたら、国民は「小泉総理の主張は間違いだった」という印象を持つことでしょう。なぜなら、小泉総理の主張は、「構造改革がなされないことが、景気が悪いことの真の原因」だと解釈されるからです。原因を取り除けば、結果は逆転する（qでない、が生じる）と理解するのは自然なことです。

　この齟齬は数学を学ぶ上でも注意を要します。とりわけ、何かの定義がp→q（pならばq）という形式で表現されている場合、用心が不可欠です。pが偽である場合、自動的にこの条件が満たされてしまうからです。

　例えば、正の整数nに関する次のような条件を考えてみましょう。

　「nが2を約数に持つ、ならば、$n \div 2$も2を約数に持つ」

　さて、この条件を満たす正の整数nはどんな数でしょうか。この条件の文を素朴に読むと、「nが2で割り切れるとき、その商がもう一度2で割り切れる」と読めるので、条件を満たすnは「4の倍数」であるように感じるでしょう。しかし、そうではないのです。

　nが奇数の場合、「nが2を約数に持つ」は偽になります。し

たがって、「nが2を約数に持つ、ならば、n÷2も2を約数に持つ」は真になります。だから、nが奇数の場合もこの条件を満たすのです。したがって、この条件を満たすnは「奇数、または、4の倍数」ということになります。

これらの誤解は、p→q（pならばq）を真偽が一致する他の論理式に書き換えること（具体的には、¬p∨qと書き換えられる）で、ある程度避けることができます。それについては、次章で解説します。

複雑な論理式の真理値

以上で、¬p、p∧q、p∨q、p→qの真理値を定義できました。これによって、もっと複雑な論理式についての真理値の割り振りは機械的にできることになります。

例えば、3つの命題記号と2つの論理記号から作られる論理式、

$$(p \to q) \land r$$

の論理値を決めてみましょう。そのためには、p、q、rの真理値を定める（2×2×2＝）8個の可能世界それぞれにおいて、この論理式の真理値を計算していけばいいです。

例えば、pが真、qが偽、rが真であるような可能世界w_3を考えてみます。この可能世界w_3では、pが真でqが偽であるこ

とから、p→qの真理値は偽となります。すると、p→qが偽、rが真だから (p→q)∧rは偽となります。これで、可能世界 w_3 での (p→q)∧rの真理値が偽と決まりました。

　このプロセスを見やすくすると、以下のようなステップ・バイ・ステップの計算となります。

　このようなプロセスで8通りのすべての可能世界に対して真理値を決めたのが次の図2.8です。

図2.8　(p→q)∧rの真理値

可能世界	p	q	r	p→q	(p→q)∧r
w_1	真	真	真	真(真→真だから)	真(真∧真だから)
w_2	偽	真	真	真(偽→真だから)	真(真∧真だから)
w_3	真	偽	真	偽(真→偽だから)	偽(偽∧真だから)
w_4	偽	偽	真	真(偽→偽だから)	真(真∧真だから)
w_5	真	真	偽	真(真→真だから)	偽(真∧偽だから)
w_6	偽	真	偽	真(偽→真だから)	偽(真∧偽だから)
w_7	真	偽	偽	偽(真→偽だから)	偽(偽∧偽だから)
w_8	偽	偽	偽	真(偽→偽だから)	偽(真∧偽だから)

どんなに複雑で長い論理式でも、このように、順次、真理値を決めていけば、必ず1つの真理値が割り当てられます。

　以上で、可能世界が1つ決まるごとにすべての論理式に真理値を決めることができるとわかりました。

常に真の論理式

　論理学でとりわけ重要視されるのは、「すべて可能世界で真となる論理式」です。これを専門用語で「**恒真式（トートロジー）**」と呼びます。いくつか紹介しましょう。

　最初の恒真式は、

$$p \lor \neg p$$

です。これは、「pである、または、pでない」ですから、誰でも「いつも真」とわかるでしょう。実際、$p \lor \neg p$は、「真∨偽」か「偽∨真」なので、必ず真になります。念のため、可能世界による真理値の表を与えておきます。図2.9です。

　この恒真式$p \lor \neg p$は、論理学では「**排中律**」と呼ばれています。「pである」か、「pでない」か、いずれか一方が成り立っていて、どちらでもないような「中」間的な状況はありえない、ということを意味する法則です。

図2.9　p∨¬pは恒真式

可能世界	p	¬p	p∨¬p
w_1	真	偽	真（真∨偽だから）
w_2	偽	真	真（偽∨真だから）

次の恒真式は、

$$p \rightarrow p$$

です。これは「pである　ならば　pである」という主張ですから、いつも正しいことは明らかでしょう。p→pは、「真→真」か「偽→偽」ですから、いずれにしても真となるわけです。図2.10がそれを示しています。

図2.10　p→pは恒真式

可能世界	pの真理値	p→pの真理値
w_1	真	真（真→真だから）
w_2	偽	真（偽→偽だから）

恒真式は、別名「同語反復」とも呼ばれます。それはこのp→pのことを称していると思われます。同語反復は、日常会話では「悪口」として使われることが多いようです。「君の主張は、単なる同語反復だ」というのは、否定的・批判的・嘲笑的な言葉です。例えば、「私は無実だ。なぜなら、私は犯行を犯していないからだ」のような発言に対して、「君の主張は、単なる同語反復だ」と返されるわけです。

確かに、恒真式の主張は、可能世界のあり方に無関係にいつも正しいわけですから、「この現実が、どの可能世界にあたるのか」について何も語ってはくれないので、そういう意味では、無益な発言と受け取られることでしょう。

　他方、論理学においては、恒真式は重要な役割を持っています。それについては、あとの章で解説しましょう。

　以上の2つの恒真式は単純でわかりやすいものでしたが、もう少し複雑な恒真式も見ておきましょう。例えば、

$$((p \to q) \to p) \to p$$

は恒真式です。これをみて、この論理式の真理値が常に真だと直観的にわかる人は少ないでしょう。しかし、図2.11のようにすべての可能世界で真偽を決めていけば、恒真式だとわかります。

図2.11　$((p \to q) \to p) \to p$ は恒真式

可能世界	p	q	p→q	(p→q)→p	((p→q)→p)→p
w_1	真	真	真	真(真→真だから)	真(真→真だから)
w_2	偽	真	真	偽(真→偽だから)	真(偽→偽だから)
w_3	真	偽	偽	真(偽→真だから)	真(真→真だから)
w_4	偽	偽	真	偽(真→偽だから)	真(偽→偽だから)

　こういった「ならば」が多重につながった主張は、私たちには理解するのが困難です。ただ、論理学者にとってはある場面

で重要です。それは後述します。

練習問題2.1

次の表の空欄を「真」「偽」で埋めて、論理式¬q→¬pの真理値を定めよ。

(¬q→¬pは、(¬q)→(¬p) の意味です)

可能世界	p	q	¬q	¬p	¬q→¬p
w_1	真	真			
w_2	偽	真			
w_3	真	偽			
w_4	偽	偽			

練習問題2.2

次の表の空欄を埋めることで、論理式 (p∧(p→q))→qが恒真式であることを確かめよ。

可能世界	p	q	p→q	p∧(p→q)	(p∧(p→q))→q
w_1	真	真			
w_2	偽	真			
w_3	真	偽			
w_4	偽	偽			

大学入試・公務員試験を
解いてみよう

第3章

論理は、いろいろな試験で問われる

　論理の理解は、社会で重要視されています。そのため、大学入試だけではなく、公務員試験や法科大学院の適性試験などでも出題されています。業務上のルールや商品の使用注意書きなどは、論理的な文で表現するのが常ですから、的確に読んだり書いたりする能力が必要になるからでしょう。

　論理を最初に教わるのは、高校生の「集合と論理」の単元です。これは大学入試の頻出の分野となっています。大学卒業後に就職する際、公務員に応募するなら、「数的処理」に論理の問題が出題されます。就活でも基礎能力のテストの中に論理的推論を課す企業もあると耳にします。このように、論理とは長いつきあいとなるのです。

　そういう事情を踏まえ、これらの試験問題を題材に論理の理解を深めてもらいましょう。ただし、事前にお断りしておきたいのは、ここでの解説は決して「試験対策」が目的ではない、ということです。したがって、この章を読んでも、これらの試験問題を「要領良く素早く解ける」ようにはなりません。そういうハウ・ツーを伝授する意図ではないので勘違いなされぬよう。本章の目的は、あくまで、これらの試験問題によって前章までで行った解説の理解をより的確なものにしてもらう、ということです。とりわけ、「同値な論理式」というものを習得し

ていただきます。

　ここで扱う問題は、著作権に抵触しないよう、著者によって改作されています。

真偽表から解く

　前章で解説した論理式の真偽について理解を深めるため、次のような例題を解いてみましょう。これはある試験問題を改作したものです。

例題3.1　入試の合格者について、次の三つの主張がある。

主張p：合格した人は、塾に通った上、家庭教師も雇っていた。

主張q：塾に通わず家庭教師も雇わなかった人は合格しなかった。

主張r：塾に通わなかった人は合格しなかった。

このとき、次の（1）から（6）で正しいものをすべて選べ。

（1）主張pが正しいとき、必ず主張qも正しい。

（2）主張pが正しいとき、必ず主張rも正しい。

（3）主張qが正しいとき、必ず主張pも正しい。

（4）主張qが正しいとき、必ず主張rも正しい。

（5）主張rが正しいとき、必ず主張pも正しい。

（6）主張rが正しいとき、必ず主張qも正しい。

　これは主張の真偽の関係についてだけ問うているので、素朴に真偽表を作ってみれば自然に解けます。まず、主張の中に出てくる「合格した」「塾に通った」「家庭教師を雇った」を記号化しましょう。読解しやすさを優先して、命題記号ではなく日本語で表します。

合格した：合

塾に通った：塾

家庭教師を雇った：家

すると、各主張は次のような論理式で表すことができます。

主張p：合→塾∧家　　音読：合ならば（塾かつ家）

主張q：¬塾∧¬家→¬合　　音読：（塾でない、かつ、家でない）、ならば、合でない

主張r：¬塾→¬合　　音読：塾でない、ならば、合でない

　次に、前章に習って、これらの主張の真偽をすべての可能世界それぞれで割り当ててみます。問題を解く際に見やすくするため、主張p、主張q、主張rに対しては、真のところしか記載しません。空欄になっているところは偽だと理解してください。

図3.1　主張p、主張q、主張rの真理表（空欄は偽）

可能世界	合	塾	家	p(合→塾∧家)	q(¬塾∧¬家→¬合)	r(¬塾→¬合)
w_1	真	真	真	真	真	真
w_2	偽	真	真	真	真	真
w_3	真	偽	真		真	
w_4	偽	偽	真	真	真	真
w_5	真	真	偽		真	真
w_6	偽	真	偽	真	真	真
w_7	真	偽	偽			
w_8	偽	偽	偽	真	真	真

　表の作り方について、少し補足をしておきます。a→b（aならばb）という論理式がほとんど真となることに注目します。a→b（aならばb）が偽となるのは、aが真でbが偽の可能世界に限ります。したがって、偽の可能世界を特定するのが手早いです。

　主張p：合→塾∧家、が偽となるのは、「合が真で、塾∧家が偽」の場合ですから、「合が真で、塾か家か少なくとも一方が偽」の場合です。したがって、表のpの欄の3カ所が空欄となっています。

　主張q：¬塾∧¬家→¬合、が偽となるのは、「¬塾∧¬家が真で、¬合が偽」の場合ですから、「塾が偽、家が偽、合が真」の1つだけです。したがって、表のqの欄の1カ所のみが

空欄となっています。

　主張r：¬塾→¬合、が偽なのは、「塾が偽、合が真」の場合ですから、表のrの欄の2カ所となっています。

　表を眺めればわかるように、主張pが真であるすべての可能世界で主張qは必ず真になっています。したがって、(1) は正しいです。逆に主張qが真となる可能世界w_3で主張pは偽ですから、(3) は正しくありません。

　同様に、主張rが真となるすべての可能世界で主張qは必ず真となっています。したがって、(6) は正しいです。逆に主張qが真となる可能世界w_3で主張rは偽ですから、(4) は正しくありません。

　最後に、主張pが真となるすべての可能世界で主張rは真となっています。したがって、(2) は正しいです。逆に、主張rが真となるw_5で主張pは偽となっていますから、(5) は正しくありません。

　以上をまとめると、正しいと選ぶべき解答は、(1)、(2)、(6)、の3つということになります。

　この問題には、他のアプローチの方法があるので、あとでまた扱うこととしましょう。

必要条件と十分条件

　変数の入った主張を高校数学では「**条件**」と呼びます。例えば、

主張 p：$x > 2$

のような式です。これは「xは2より大」という主張を表しています。この主張pは、xの値によって真になったり偽になったりします。例えば$x = 3$なら真、$x = 1$なら偽です。xの値を定めることを、可能世界を1つ決めることだと解釈すれば、前章に解説したことがそのまま通用します。すなわち、「数aに対してxをaとすると、主張pが真になる」ことは、「数aという可能世界で、主張pが真になる」と解釈できるわけです。変数の入った論理式は、そのままでは真偽を決めることはできず、変数に数値を代入すること（可能世界を選ぶこと）で真偽が決まるのです。以下、しばらくの間、「主張」の代わりに「条件」と記載していくことにしましょう。

条件 p：$x > 2$

というようにです。

　高校数学の「集合と論理」における主要なテーマは、
「条件pと条件qに対して、論理式p→qが常に真となる（恒真式になる）かどうか」
です。p→q（pならばq）が常に真となるとき、「pはqの十分

条件である」といい、「qはpの必要条件である」といいます。

簡単な具体例を挙げます。変数xは実数を定義域とし、

$$条件\ p：x = 2$$

$$条件\ q：x^2 = 4$$

と設定してみましょう。このとき、変数xの含まれる論理式（条件）である

$$p \rightarrow q$$

は、「$x = 2$、ならば、$x^2 = 4$」という条件を表します。これは、必ず真となること、すなわち恒真式であることは直感的にわかると思います。この論理式をもう少し日常的に読み替えると、「xが2のときは、xの2乗は4である」ということだから、「あたりまえじゃん」と感じることでしょう。ただし、こういう「読み替え」は、真偽よりも「証明」のほうに依拠しているので、第2部のほうで詳しく解説することにし、ここではあくまで真理値にのっとった説明を与えます。

　恒真式というのは、「すべての可能世界で真となる論理式」であったことを思い出しましょう。ここの例では、「可能世界」は「xに代入する数値」に対応しますから、「すべてのxに対して、論理式p→qは真」ということが「恒真式」の意味です。

　p→q（$x = 2$、ならば、$x^2 = 4$）は、xに2を代入すると、真→真となりますから真理値は真です。xに2でない数を代入すると、「ならば」の前にある$x = 2$が偽になるので、真理値は真

です。以上から、「すべてのxに対して、論理式 p→q は真」が確かめられ、論理式 p→q は恒真式です。したがって、

　　　　条件「$x = 2$」は条件「$x^2 = 4$」の十分条件、

　　　　条件「$x^2 = 4$」は条件「$x = 2$」の必要条件、

となります。

必要ってなに？　十分ってなに？

　ここで、条件「$x = 2$」と条件「$x^2 = 4$」が、同じ条件でないことに注意してください。条件「$x = 2$」が真となるxは2だけですが、条件「$x^2 = 4$」が真となるxは2と-2です。つまり、条件「$x^2 = 4$」のほうが、条件「$x = 2$」より多くの可能世界で真となっているわけです。

図3.2　必要・十分条件と可能世界

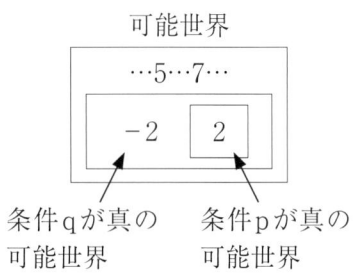

可能世界

条件qが真の　　　条件pが真の
可能世界　　　　　可能世界

　図3.2を眺めればわかる通り、条件pが真となる可能世界が

生起していれば、条件qが真となる可能世界は明らかに生起しています（pが真となる可能世界は、qが真となる可能世界に含まれる）。つまり、条件pが真となる可能世界が確認されれば、他の確認がなくとも条件qが成り立つとわかるので、pは「**十分**」ということになります。他方、条件pが成り立つためには、少なくとも条件qが真となる可能世界が生起している「**必要**」がある（そうでなければ、pは決して成り立たない）から、条件qが真となっていることが「**必要**」です。これが、「**十分条件**」と「**必要条件**」という言葉の由来です。

　変数xを含んだ条件pに対して、pが真となるようなxの値の集合のことを「**真理集合**」と呼びます。真理集合とは、「主張pが真となる可能世界の集まり」と同じです。上記の例では、図3.2から見てとれるように、

　　　　　条件p（$x = 2$）の真理集合は、{2}

　　　　　条件q（$x^2 = 4$）の真理集合は、{2, − 2}

です。上の真理集合が下の真理集合に含まれるので、条件pが真となる要素では必ず条件qも真となる、すなわちp→qは必ず真となる（恒真である）ことがわかります。ちなみにこの見方は、例題3.1を解いたときの考え方と同じものです。

　以上をまとめると、次の法則がわかります。

（必要条件・十分条件の見分け方）

条件pと条件qに対し、条件pの真理集合が、条件qの真理集合の一部分（部分集合）であるならば、p→qは常に真となり、したがって、pはqの十分条件、qはpの必要条件となる（図3.3）。

図3.3　必要条件・十分条件

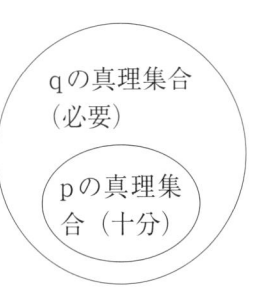

入試問題を解いてみよう

　必要条件、十分条件を習熟するために、大学入試の簡単な問題を解いてみましょう。

例題3.2

次のカッコに、必要または十分のどちらかを適切に入れなさい。

(1) a, b を実数とするとき、条件 $(a>0) \wedge (b>0)$ は条件 $ab>0$ であるための（　　　）条件である。

(2) 三角形ABCが二等辺三角形であることは、三角形ABCが正三角形であることの（　　　）条件である。

(3) a, b, cを実数とするとき、条件ac＝bcは条件a＝bであるための（　　　）条件である。

　これらの問題に解答するためには、2つの条件を→（ならば）で接合して、p→qという論理式を作り、それが恒真であるようにすればいいです。そうなったとき、pがqの十分条件で、qがpの必要条件ということになります。p→qはpが偽のときは必ず真ですから、pが真のときだけ考えればよいです。

(1)の解答

条件 $(a＞0)\wedge(b＞0)$ は、aとbが両方正のとき真。このとき、積abは必ず正だから、ab＞0は真。すると、論理式

$$(a＞0)\wedge(b＞0)\rightarrow(ab＞0)$$

は恒真式。したがって、条件 $(a＞0)\wedge(b＞0)$ は条件ab＞0の（十分）条件。

ちなみに、ab＞0が真となるケースとして、aとbがともに負の場合があるから、ab＞0が真で $(a＞0)\wedge(b＞0)$ が偽になることがあり得る。したがって、カッコに「必要」を入れると不正解。

(2)の解答

三角形ABCが正三角形であれば、必ず、二等辺三角形。このことから、条件qが真なら、条件pが必ず真、つまり、q→pが恒真式。したがって、三角形ABCが二等辺三角形であることは、三角形ABCが正三角形であることの（必要）条件。

　ちなみに、二等辺三角形の中に正三角形でないものがあるから、カッコに「十分」を入れると不正解。

(3)の解答

条件a＝bが真のとき、両辺にcを掛けても等式は成り立ち、ac＝bcは必ず真となる。したがって、論理式（a＝b)→(ac＝bc）が恒真式。つまり、条件ac＝bcは条件a＝bであるための（必要）条件。

　ちなみに、ac＝bcが真でも、a＝bが真とは限らない。つまり、両辺を同じcで割る操作は常に正しいわけではない。例えば、a＝3, b＝1, c＝0の場合は、acもbcもともに0だからac＝bcは真、他方、明らかにa＝bは偽。したがって、(ac＝bc)→(a＝b) は恒真ではない。カッコに「十分」を入れると不正解。

論理式の同値

　条件pと条件qに対して、p→qとq→pの両方が恒真式のとき、以下の3つの言い方をします。

条件pは条件qの必要十分条件

条件qは条件pの必要十分条件

条件pと条件qは同値

記号では、

p⇔q

と書きます。

　条件pと条件qが同値であるとは、両方の真偽が常に（すべての可能世界で）一致する場合です。なぜなら、一方が真で、他方が偽の場合、真→偽の側が偽となってしまうからです。

　ここで、⇔という新しい論理記号が出てきているように見えますが、p⇔qが、

　　　　(p→q)∧(q→p)（pならばq、かつ、qならばp）

の略記だと思えば、新しい記号が導入されたわけではありません。実際、この論理式が恒真となるのは、(p→q) と (q→p) の両方が恒真となる場合ですから、同値を表しています。

　条件の同値が数学で重要になるのは、条件pと条件qの真偽がいつも（どんな可能世界でも）一致しているなら、条件pと条件qは数学的に区別する必要がないからです。例えば、条件

pと条件qが同値で、条件pが条件qに比べてとても単純でわかりやすい条件なら、条件qの代わりに条件pを考えたほうが考える労力の節約になります。数学では、難しく見える条件をもっと簡単な同値条件に置き換えていくのが常道だと言えます。

　以下、論理式pと論理式qが同値（p⇔q）となる有名な例をいくつか紹介します。これらは、主張pや主張qの内容を考えることなく同値である（真偽が一致する）ことがわかるので、大変有用です。

二重否定

　最初に挙げる例は、

$$p \Leftrightarrow \neg\neg p$$

です。これは、命題記号pとそれを2回否定した¬¬pが同値であることを表しています。つまり、「「pでない」でない」はpといつも真偽が一致する、ということです。確かめるまでもないですが、一応、真偽表で確かめておきましょう。図3.4です。

図3.4　二重否定の真偽表

可能世界	pの真理値	¬pの真理値	¬¬p
w_1	真	偽	真
w_2	偽	真	偽

この同値関係があれば、¬が何個ついた論理式でも、もっと簡単な論理式で同値なものを見つけることができます。例えば、

$$¬¬¬p$$

は、上の公式を使って、

$$\cancel{¬}\cancel{¬}¬p$$

のように¬記号を2個消し、¬¬¬pは¬pと同値だとわかります。

　ここで1つ、注意しておきたいことがあります。論理学では、二重否定¬¬pは元の主張pと同値ですが、日常会話では、必ずしも同値とは言えません。例えば、「君を評価しないわけじゃない」と上司から言われたとき、「そうか、上司は自分を評価してるんだ」と喜ぶ人は多くないでしょう。一般に、「君を評価しないわけじゃない」という発言は、「評価しないと言い切るわけではないが、多少の疑いを持っている」というニュアンスになります。つまり、二重否定は元の言明より若干弱い意味合いを持つわけです。このことは、日常の主張が、論理学よりもずっと多様性・柔軟性を持ったデリケートな表現形態であることの1つの現れです。

「ならば」と同値な論理式

　次に「ならば」と同値な論理式を考えましょう。つまり、$p \to q$と同値な論理式を探す、ということです。それは、

$$\neg p \lor q$$

という論理式です。言葉で言えば、「pでないか、または、qである」という主張です。

（「ならば」と同値な論理式）

$$(p \to q) \Leftrightarrow (\neg p \lor q)$$

この同値を確かめるには、図3.5の真偽表を見れば良いです。

図3.5　$(p \to q) \Leftrightarrow (\neg p \lor q)$

可能世界	p	q	$p \to q$	$\neg p \lor q$
w_1	真	真	真	真（偽∨真だから）
w_2	偽	真	真	真（真∨真だから）
w_3	真	偽	偽	偽（偽∨偽だから）
w_4	偽	偽	真	真（真∨偽だから）

この同値式が教えてくれるのは、「→が∨と¬で代用できる」、つまり、「ならば」は「または」と「否定」で代用できる、ということです。この同値関係は非常に大事です。なぜなら、54〜57ページでも説明したように、「ならば」で作られた主張は日常言語の中ではいろいろな解釈があるため、数学の表現と離そ

齟齬を持ちます。この点でこんがらがったときは、この同値関係を使って書き換えてみると、ハッキリすることが多いからです。

　例えば、56ページで例とした、

「nが2を約数に持つ、ならば、$n \div 2$も2を約数に持つ」

を再検討してみましょう。これは、nについての「4の倍数である」という条件と誤解しがちであると説明しました。これは、次のように同値関係 $(p \rightarrow q) \Leftrightarrow (\neg p \lor q)$ を使うと、良くわかるようになります。

「nが2を約数に持つ、ならば、$n \div 2$も2を約数に持つ」

$\Leftrightarrow$「（nが2を約数に持つ）でない、

　　　　　　　　　　または、（$n \div 2$も2を約数に持つ）」

$\Leftrightarrow$「nが奇数　または　nは4の倍数」

　余談として、この同値関係についての面白いエピソードを紹介しましょう。

　昔のこと（昭和時代）ですが、日本のある論理学者は、テレビのニュースでハイジャックがあったことを知りました。ハイジャックとは、飛行機が犯人に乗っ取られる事件のことです。正体不明のハイジャック犯の第一声がニュースで伝えられたとたん、それが英語で語られたものであるにもかかわらず、この論理学者は「犯人は日本人だな」と直感したというのです。

　ニュースで伝えられた犯人の第一声は、「If you move, you

shall die.（もし動けば、あなたは死ぬことになるだろう。）」で
した。これを聞いた論理学者は、この犯人が英語ネイティブで
はない、と確信しました。なぜなら、ネイティブならこんな表
現を使わないからです。ネイティブならきっと、「Don't move,
or you shall die.（動くな、さもなくば、殺すぞ。）」と言うは
ずである、そう論理学者は考えたのです。緊迫したハイジャッ
クの犯行の中では、「動くな」ととりあえず命令しておいて、
「さもないと」という形で理由を付加するのが自然です。そこ
を悠長に「もしも、動いたとしたら」などと言っているのは、
よっぽど質の悪い英語教育を受けた人に違いない。そんな劣悪
な英語教育がはびこっているのは日本だけだろう、そう論理学
者は推理しました。恐るべきことに、その推理はビンゴだった
のです。

このエピソードを論理式の同値で検討してみましょう。

条件p：動く

条件q：殺す

とすると、「もしも動いた、ならば、殺す」は、p→qで表せま
す。一方、「動くな、さもないと、殺す」は、¬p∨q（動かな
いか、または、殺す）と同じと考えて差し支えないでしょう。
そして、この2つの論理式が同値であることが、先ほどの同値
式

$$(p \to q) \Leftrightarrow (\neg p \lor q)$$

なのです。もちろん、同値ですから、ハイジャック犯の発言は、真偽の意味では、間違ってはいません。しかし、日常の行為の中では、不自然な表現となる、論理学者はそう考えたわけです。

さて、この同値関係は、60ページで紹介した恒真式p→pに対しても、新しい知見を与えてくれます。この論理式に今の同値法則をあてはめてみると、

$$(p \rightarrow p) \Leftrightarrow (\neg p \vee p)$$

となります。つまり、同語反復p→p（pならばp）は、排中律¬p∨p（pでない、または、p）と同値だということです。

対偶は元と同値になる

同値式で、もう1つ大事なものを紹介しましょう。それは、p→qと（¬q）→（¬p）の同値です。言葉で言うと、「pならばq」と「qでない、ならば、pでない」は同値である、ということです。煩雑さを避けるため、後者は¬q→¬pと記述することにします。主張¬q→¬pは主張p→qに対する「**対偶**」と呼ばれます。

（対偶の同値）

$$(p \rightarrow q) \Leftrightarrow (\neg q \rightarrow \neg p)$$

この同値性は、図3.6で確認できます。

図3.6　p→q⇔¬q→¬p

可能世界	p	q	p→q	¬q→¬p
w_1	真	真	真	真（偽→真だから）
w_2	偽	真	真	真（偽→真だから）
w_3	真	偽	偽	偽（真→偽だから）
w_4	偽	偽	真	真（真→真だから）

この「主張の対偶」は、数学の証明でよく使われます。p→qを¬q→¬pに言い換えたほうがわかりやすくなることがよくあるからです。

「対偶」の同値関係は、最初の例題3.1に応用できます。

主張p：合→塾∧家

主張r：¬塾→¬合

主張rは、合→塾の対偶

であることに注目しましょう。つまり、（合→塾）と主張rは真偽が常に一致するのです。こう書き換えれば、主張pが真のとき、主張rは必ず真であると簡単にわかります。なぜなら、主張pが真となるケースは、「合」が偽の場合と、「合」と「塾」と「家」がすべて真の場合と、2通りありますが、どちらにおいても、（合→塾）は真となるからです。

公務員試験などの論理の問題は、この「対偶の同値」を利用すると解きやすくなるものが多いです。

否定による「かつ」「または」の逆転

他のよく知られた同値式に、次のものがあります。

(ド・モルガンの法則)

$$\neg(p \lor q) \Leftrightarrow \neg p \land \neg q$$

$$\neg(p \land q) \Leftrightarrow \neg p \lor \neg q$$

練習問題3.1

カッコに「必要」または「十分」を適切に入れよ。

(1) aを実数とするとき、条件 $(a-2)(a-3)=0$ は条件 $a=2$ の（　　　）条件であるが、（　　　）条件ではない。

(2) 条件「$a+5>0$ かつ $b<0$」は条件「$a+5>b$」の（　　　）条件であるが、（　　　）条件ではない。

練習問題3.2

ド・モルガンの法則を真偽表を作って証明しなさい。

第2部

証明するとは
何をすることか

言語と推論

第4章

証明するとは何をすることか

　ここから、「証明」についての解説をする、第2部に突入します。

　第1部では、論理式の読み方と真偽について解説しました。論理において、論理式の真偽と同じくらい、いやそれ以上に重要なのが、「証明」という手続きです。多くの人は、論理と言えば「証明」、というイメージを持っておられることでしょう。では、その「証明」とはいったい何でしょうか。

　「証明とは何をすることか」について、最も常識的な説明は、「論理的に正しい推論をつないで、仮定から結論を導くこと」というものでしょう。例えば、中学で習う「平行四辺形の向かい合う辺は等しい」ということの証明とは、「平行四辺形である（向かいあう辺が平行）」から出発して、「向かい合う辺の長さは等しい」に、論理的に正しい推論によってたどり着く、という作業のことです。

　もっと一般的にいうと、主張「AならばB」を証明する、ということは、Aからスタートして、Bに至る、論理的に正しい推論を与えること、とまとめることができます。

　ここで問題になるのは、「論理的に正しい推論」とは何か、ということです。もちろん、推論に「正しい」ものと「正しくない」ものがあることは明らかでしょう。例えば、「人間なら

ば哺乳類である」と「サルならば哺乳類である」から、「サルならば人間である」を導くのは間違った推論だと誰もが感覚的にわかるはずです。

とは言っても、「論理的に正しい推論」とは何かを厳密に説明しようとすると、そんなに簡単なことではないと気がつきます。なぜなら、第1部で解説したように、ある主張（論理式）が正しいかどうかは、それを考えている世界によって変わってしまいます。したがって、「正しい仮定から、正しい結論を導くような手続き」という場合に、「仮定が正しい」ということがどういうことか、が問題になります。したがって、主張の「正しさ」を基礎にして、「証明とは何か」を取り決めようとすると、すべての世界を総合的に考えなければならず、とてつもなくまわりくどい作業に巻き込まれることになるでしょう。できれば、そういう作業は避けたいものです。

そこで、20世紀の数学では、いったん「正しい」という概念と切り離して、「証明」を定義することにしました。もちろん、最終的には「正しい」という概念と「証明できる」という概念は、みごとな結びつきを持つことになります。それは「**健全性定理**」と呼ばれる定理です。本書でもそれを解説します。しかし、「正しい」ことと「証明できる」ことがどういう関係にあるかを理解するには、いったん2つの概念を切り離して、別々に扱うことが不可欠なのです。

「証明とは何か」の歴史

　「証明」という概念を最初に数学に取り入れ、その1つのスタイルを作ったのは、ギリシャ時代（紀元前3世紀頃）の『ユークリッド原論』という本だと言われています。これは、ユークリッドという数学者が当時の数学の知識を集大成したものでした。この本は、単に法則を羅列した事典のようなものではなく、簡単な法則から複雑な法則を論理的な推論によって導く体裁をとっている、という点で画期的だったのです。これが、中学生が教わっている論証幾何の原典となっています。

　一方、『ユークリッド原論』は、論理的な記述をしているにもかかわらず、論理学には深入りしませんでした。論理学を集大成したのは、ギリシャ時代の少し後の哲学者アリストテレスでした。アリストテレスは、哲学者プラトンの弟子です。長い間、アリストテレスの論理学によって論理学は完成されてしまった、と考えられ、19世紀後半まで二千年もの長い間、ほとんど論理学の進歩がありませんでした。

　しかし、19世紀後半に、数学者のカントールとデデキントによって集合の理論が開発され、事情が変わりました。集合の理論は、数学にたくさんの新しい理論をもたらすとともに、解決するのが難しいパラドクスも生み出してしまいました。それらのパラドクスは、あたかも数学が矛盾をはらんでいるかのよ

うに思わせました。数学者たちは、この矛盾を解消するために、「証明とは何か」、「論理とは何か」ということを真剣に考え直す必要に迫られたのです。（この辺の事情を詳しく知りたい読者は、拙著［5］を参照のこと）。

　この深刻な事態が、論理学を新たな著しい進歩に導いたのです。立役者となった数学者は、フレーゲ、ラッセル、ホワイトヘッド、ヒルベルト、スコーレム、ゲンツェン、ゲーデル、フォン・ノイマンといった天才数学者たちでした。

　その進歩の中で作り上げられた新しい論理学では、「主張の正しさ」と「主張をつなぐ推論」とを分離して別個に考える、ということが実現されました。この2つは、アリストテレス以来、ごっちゃにされてきましたが、やっと、その区別に至ったのです。この区別は、本当に画期的なことでした。

　第1部で、「言説の正しさ」を扱う論理のことを「**意味論**（semantics）」と呼ぶことを解説しました。他方、「推論」を扱う論理のほうは「**構文論**（syntax）」を言います。言説の正しさを扱うのは、可能世界の設定が必要であり、そのためには世界に「意味」を与える必要があります。他方、推論とは文の操作の仕方を与えることなので、いわゆる「文法」です。それで、構文論と呼ばれるのです。

言語と記号操作

　現代の論理学では、「証明」をいったん「意味」から切り離して、単なる「形式的な記号操作」と見なします。ここでは、「証明」という言葉を使うことをいったん止めて、「推論」または「演繹」という言葉を使うことにします。「証明」というと、どうしても、「正しい主張を導く」ということが頭をよぎってしまいます。このことは、理解の妨げとなります。「証明」と切り離した形で、「形式的な記号操作」をする作業を「**推論**」または「**演繹**」と呼ぶことにします。そのために、次の3つの準備が必要となります。

>　＊操作する記号としての「言語」
>　＊「推論」のスタートラインとなる「公理」
>　＊許される推論を規定する「推論規則」

　ここで「言語」とは、推論を展開する記号の集まりです。「推論」を「証明」とはいったん切り離して説明するため、本章では、わざと論理記号（∨、∧、→、¬、∃、∀）を含まない「言語」を例にすることとします。

　まず、導入編として、（たぶん）誰もが知っているトランプゲームを例えにして説明してみましょう。

　皆さんは、「七並べ」というゲームをたぶんご存じでしょ

う。このゲーム（最も普及しているであろうバージョン）では、最初、4種類のマーク（♠,♣,♡,♢）の7のカード4枚がそれぞれテーブルに並べられます。最初のプレーヤーは、この7のカードたちのいずれかにつなげることのできる同じマークの6または8のカードを、7の隣りに並べます。以下、すでに並んでいるカードの一番端に引き続く数値のカードを並べていってゲームが進行します。

この七並べを例にさきほどの3つについて説明しましょう。

（七並べの演繹システム）

＊「言語」は、トランプのカードをいくつか並べたもの。例えば、

$$♠7, \quad ♠7♠8, \quad ♡5♢3, \quad ♠5♠6♣7♡8$$

など。

＊「公理」は、次の4個、

$$♠7, \quad ♣7, \quad ♡7, \quad ♢7$$

＊「推論規則」は以下、

「並んでいるカードの最も大きい数より1大きい同じマークのカードを右側につなげて並べる、または、最も小さいカードより1小さい同じマークのカードを左側につなげて並べる、こ

とができる」

　このように、「言語」「公理」「推論規則」の与えたセットを「演繹システム」と呼びます。「演繹システム」というのは、推論を展開する土台のことです。「演繹システム」においては、公理から出発して、推論規則を適用することによって、言語を作り出していきます。この作業を「演繹」と呼びます。例えば、次は「演繹」の一例です。

♠7	（公理）
♠7♠8	（推論規則）
♠7♠8♠9	（推論規則）
♠6♠7♠8♠9	（推論規則）
♠5♠6♠7♠8♠9	（推論規則）

　このように、七並べは、「♠x」や「♡y」のような記号をつらねた記号列を一定の規則に従って並べていく記号操作として記述することができます。このような演繹で得られる記号列のことを「定理」と呼びます。今の例では、「定理」は

$$♠5♠6♠7♠8♠9$$

です。定理とは、「公理から出発して、許された推論規則で到達することのできる記号列」です。定理を得るための推論もプロセス全体を「演繹図」と呼びます。「演繹図」で重要なこと

は、今の図を見ればわかるように、言語をつなぐ各ステップに
おいて、どの「公理」、どの「推論規則」を用いたかをはっき
り添え書くことです。

　以上のことを理解すれば、

$$♡7♡8♡9♡10♡J♡Q$$

も定理の1つとなることは簡単にわかるでしょう（演繹図は練
習問題とします）。一方、

$$◇7◇8◇10, ♡5♠6♠7♣8$$

が決して定理とならないことが理解できるに違いありません。
前者は、8と10が連続していないため、後者はマークが異なる
ため、許された推論規則でこの記号列に到達することは不可能
だからです。七並べでは、いくらなんでも例として荒唐無稽
だ、と思われるかもしれません。しかし、そんなことはない、
ということをあとで解説します。

MIU ゲーム

　七並べよりももうちょっと複雑で、しかも論理と直接には関
係ない演繹システムの例としてMIUゲームを紹介しましょう。
　MIUゲームというのは、ダグラス・ホフスタッターという
計算機科学の学者が1979年に刊行した『ゲーデル、エッ
シャー、バッハ－あるいは不思議の環』（参考文献［3］）とい

う本に書かれている演繹システムです。本のタイトルでわかる通り、これは、数学者ゲーデルの不完全性定理と画家エッシャーの不思議な絵画とバッハのバロック音楽とをクロスオーバーさせ、それに人工知能や分子生物学を加えた画期的な本です。ピューリッツァー賞を受賞し、日本でもベストセラーになりました。筆者は、この本がヒットしている時期に数学科の大学生でしたが、多くの理系の同級生がこの本を競って読んで話題にしたことを覚えています。

MIU ゲームの演繹システム

MIUゲームで使う「言語」「公理」「推論規則」を述べます。

＊MIUゲームの「言語」は、M、I、Uの3つの記号を適当な個数、適当な順序で並べて作った記号列。例えば、

M, I, U, MI, MUMI, IMIUM, UUUU

など。これらを「項」と呼ぶ。

＊「公理」は、ただ1つで次のもの。

MI

＊「推論規則」は4つあり、以下である。

（**推論規則1**）「Iで終わる項が演繹図にあれば、そのあとにUを付け加えた項を置いて良い」すなわち、xを項として、

xI

xIU

という演繹をして良いということ。例えば、xをMUMIとすれ
ば、

MUMI

MUMIU

というふうに、項MUMIから項MUMIUをつなげることがで
きる。

（**推論規則2**）「Mから始まる項が演繹図にあったら、Mを除い
た部分をもう1つ繰り返した項を置いて良い」

すなわち、xを項として、

Mx

Mxx

という演繹をして良いということ。例えば、xがIIという項な
ら、

MII

MIIII

とつなげて良い、ということ。

（**推論規則3**）「途中にIIIを含む項が演繹図にあったら、IIIを
Uに置き換えた項を置いて良い」

すなわち、x,yを項として、

$$yIIIx$$

$$yUx$$

という演繹をして良いということ。（ただし、x,yはないこと（空である）も可能）。

（**推論規則4**）「途中にUUを含む項が演繹図にあったら、UUを削除した項を置いて良い」

すなわち、x,yを項として、

$$yUUx$$

$$yx$$

（ただし、x,yはないこと（空である）も可能）。

　以上がMIUゲームの「言語」「公理」「推論規則」となっています。読者は、これを読んでも、これがいったい何なのか理解できないと思います。しかし、それで良いのです。今は、推論を単なる「形式的な記号操作」と見なすため、わざと無意味な演繹システムを紹介しています。推論から「意味」を除去しようとしているのです。したがって、MIUゲームは、全く意味を持たない、現実に対応物を持たない、単なる「記号並べゲーム」だと理解してください。

MIU ゲームで遊んでみよう

　MIU ゲームは、上記の「公理」と「推論規則」を使って、項を作っていくゲームです。項を作るには演繹図を作ります。ここで演繹図とは下向きに伸びていく項の列のことで、次のように定義されます。

（演繹図の定義）

（ⅰ）公理は演繹図である。

（ⅱ）演繹図の最下段に推論規則を用いて項を付け加えたものは演繹図である。

（ⅲ）演繹図は、上の（ⅰ）（ⅱ）のみで作られる。

例として、最も簡単な演繹図を1つ、お見せしましょう（図4.1）。

図4.1　定理MIUの演繹図

MI	（公理）
MIU	（推論規則（1））

←公理を持って来て置いた
←MIのあとにUを付け加えた
　項を置いた

　まず、1段目は公理そのものですから、条件（ⅰ）からそれは演繹図です。2段目では、推論規則（1）を使っています。

すなわち、1段目がIで終わる項なので、推論規則（1）によって、Uをつなげた項をつなげ置いています。したがって、条件（ⅱ）から1段目と2段目を合わせた図式も演繹図になっています。

　もう1つ、定理とその演繹図を与えましょう（**図4.2**）。

図4.2　定理MUIUの演繹

MI　　（公理）	←公理を持ってきて置いている
MII　　（推論規則（2））	←Iを繰り返した項を置いている
MIIIII（推論規則（2））	←IIを繰り返した項を置いている
MUI　　（推論規則（3））	←IIIをUに置き換えた項を置いている
MUIU（推論規則（1））	←Iのあとにつないだ項を置いている

　演繹図を作る上で大事なのは、一番上は公理でなくてはいけないということと、新しい項を作るときは、必ず推論規則のどれを使ったかをカッコの中に明記することです。推論規則に当てはまらない方法で項を作ることは許されません。

　MIUゲームの演繹システムは、数学における証明という行為を抽象化したものです。私たちは、数学での証明を見るとき、そこに「意味」を感じます。しかし、少し遠のいて、ぼ〜っと証明を眺めると、MIUゲームと同じように、「単なる記号のつらなり」だと見えてくるでしょう。20世紀以降の論理学では、このように、数学における証明を「一定の規則で進め

られる、単なる記号の形式的なつらなり」と見るのです。数学の証明から、いったん「意味」を除去することで、逆に「証明」というものを数学的な素材として外側から客観的に扱うことができるようになります。つまり、「証明」というのが数学の「内部」の行為でありながら、「外部」から数学的にアプローチすることができるようになります。このような観点を「メタ」と言います。「メタ」とは、「超〜」「高次の〜」「高階の〜」のような接頭詞ですが、簡単に言えば、「自分自身の言葉で自分自身に言及する」というような意味です。数学の証明を、単なる記号列と見なして、その記号列に対する数学的分析をするのが、構文論（syntax）です。数学を数学の外側から数学的に検討するわけです。

　MIUゲームは、実は、ゲーデルの不完全性定理のアイデアを説明するためにホフスタッターが導入した演繹システムです。どういう関係があるかについては、最後の章でもう一度戻って説明することとします。

七並べから CLw へ

　この章の最初のほうで、演繹システムを説明するために「七並べ」を提出しました。実は、「七並べ」とほぼ同じ推論規則を含んだ重要な演繹システムがあります。それは、「CLw（組

み合わせ論理)」と呼ばれる演繹システムです。このCLwは、数理論理学で発見され、詳しく研究されている演繹システムです。本章の締めくくりとして、このCLwを紹介しましょう。

　ただし、本格的に紹介することはせず、部分的なものに留めます。なぜかと言うと、ここでCLwを紹介する理由は、CLwそのものを理解してもらうことにあるのではなく、このあと利用することがないからです。

　ここでCLwを紹介するのは、2つの理由からです。第一は、この演繹システムが論理記号のないシステムであることです。構文論とか演繹とかは、必ずしも論理記号と関係するわけではないのです。第二は、CLwが「七並べ」とそっくりの構造を持っていることです。本格的にCLwを勉強したい人は、参考文献［15］にあたってください。

　ここでは、CLwを簡易化した演繹システムを「部分CLw」と呼ぶことにします。「部分CLw」の「言語」、「公理」、「推論規則」は次のようになっています。

（部分CLw）

＊「言語」は、記号KとS、無限個の記号$u_0, u_1, u_2, \cdots$と、記号$\triangleright_1$を用いた記号列。

　$K, S, u_0, u_1, u_2, \cdots,$ を適当な個数、適当な順で並べた順列を「項」と呼ぶ。

$$KK, \ Ku_0u_2, \ u_0u_1u_2, \ SKS,$$

などが項となる。

次に、2つの項の間に、記号 $\triangleright_1$ をはさんだものを「**式**」と呼ぶ。例えば、

$$Ku_0u_2 \triangleright_1 u_0, \ SS \triangleright_1 KS, \ Ku_0u_2 \triangleright_1 S \ u_0u_1u_2,$$

などが式となる。

* 「公理」は、次の2つの式。

　　　（公理K）　$KMN \triangleright_1 M$

　　　（公理S）　$SMNR \triangleright_1 MR \ (NR)$

ただし、イタリックで表示されている $M, N, R,$ には任意の項を代入できる。つまり、公理Kと公理Sは、公理の「箱」であって、実際には、$M, N, R,$ に任意の項を代入した無限個の式たちが公理となっている（これは、後の章ではスキーマと呼ばれる）。もちろん、同じ記号には同じ項を代入しなければならない。（記号Kと記号Sは、特別な固有の記号であり、これに項を代入することはできない）。

* 「推論規則」は、2つある。第一は（μ）と名付けられる推論規則、第二は（ν）と名付けられている推論規則。推論規則（μ）とは、任意の項 N、R、M に関して、

$$N \triangleright_1 R$$

$$MN \triangleright_1 MR \ (\mu)$$

とつなげられる、というもの。

「上段の記号列 $N \triangleright_1 R$ から、μ という推論規則によって、下段の記号列 $MN \triangleright_1 MR$ を導ける」ということを表す。もっとわかりやすく言うと、「$\triangleright_1$ の両辺の項に左側から同じ項を接続して良い」という規則を表している。

　推論規則（ν）は、任意の項 N、R、M に関して、

$$N \triangleright_1 R$$

$$NM \triangleright_1 RM \quad (\nu)$$

とつなげられる、というもの。わかりやすく表現すれば、「$\triangleright_1$ の両辺の項に右から同じ項を接続して良い」という規則を表す。

　さて、ここで、言語や公理、それと推論規則（μ）や（ν）について、「これはいったい何をやっているのか」などと考えてはいけません。これらは全く無意味で、単なる形式的なものにすぎないと受け取ってください。

　この演繹システムによる演繹図の具体例を1つ、お見せしましょう（**図4.3**）。

図4.3　定理 $u_1KK u_0u_2S \triangleright_1 u_1K u_0S$ の演繹

$K u_0u_2 \triangleright_1 u_0$	（公理K）	← 公理KのMにu_0を、Nにu_2を代入して置いた
$KK u_0u_2 \triangleright_1 K u_0$	（μ）	← 推論規則（μ）で、左からKをつけた
$KK u_0u_2S \triangleright_1 K u_0S$	（ν）	← 推論規則（ν）で、右からSをつけた
$u_1KK u_0u_2S \triangleright_1 u_1K u_0S$	（μ）	← 推論規則（μ）で、左からu_1をつけた

　これは、公理から出発して、許された推論規則（μとν）だけを用いて、記号列を羅列していく演繹図となっています。そして、最後の段の「$u_1KK u_0u_2S \triangleright_1 u_1Ku_0S$」が定理となります。

　この演繹図をよくよく眺めれば、七並べと同じ構造を持っていることが見て取れるでしょう。とにかく、この章では、「証明」という数学の作業を一般化・抽象化した演繹システムというものが、単なる「特定の規則で記号を連ねていく、形式的な手続き」ということを理解してほしいわけです。そのようにして、「証明」からいったん「意味」をそぎ落とし、そのあとで論理記号を使った「証明」とは何であるかを、改めて新鮮な気分で見つめ直したいのです。

練習問題4.1

次の空欄を埋めて、「七並べ」の演繹システムで、定理♡7♡8♡9♡10♡J♡Qの演繹図を完成せよ。

♡7	(	)
(	) (	)
(	) (	)
(	) (	)
(	) (	)
♡7♡8♡9♡10♡J♡Q	(	)

練習問題4.2

MIUゲームの演繹システムにおける、定理MUIIUの演繹図が下である。カッコに用いた推論規則を埋めて、完成せよ。

(定理 MUIUの演繹図)	
MI	( )
MII	(推論規則 ( ))
MIIII	(推論規則 ( ))
MIIIIIIII	(推論規則 ( ))
MUIIII	(推論規則 ( ))
MUIIU	(推論規則 ( ))

「等しい」とはどういうことか？

第5章

等号に関する演繹システム

　前章では、「証明」という行為を明らかにするために、演繹システムというものを解説しました。演繹システムとは、「一定の規則に従って、形式的に記号をつないでいくシステム」のことでした。そこには「規則」があるだけで、「意味」はありませんでした。

　演繹システムは、「言語」と呼ばれる記号と、「公理」と呼ばれる出発点、「推論規則」と呼ばれる記号をつむぐシステムからなっていました。とりわけ、「推論規則」こそが、「記号の使用方法」を与えるものでした。実は、演繹システムの中の「言語」は、始めから意味が規定されたものというよりむしろ、その中の「公理」と「推論規則」によって意味が浮き上がってくるもの、と言っても良いのです。

　よくよく考えてみると、私たちを取り巻くものごとは、その「使用」によって意味を与えられています。例えば、「鬼ごっこ」は、実際に鬼ごっこをすることによって、その行為の実像がわかります。「黄色」という色は、「レモンは黄色である」、「バナナは黄色である」、「信号の真ん中の明かりは黄色である」などの用法を目の当たりにすることで、理解されます。ものごとは、それそのものがきちんと定義される、というより、その運用方法から意味が規定されるものなのです。

数学でも事情は同じです。数学の中で扱われる概念や記号は、数学の外部に頼らずに意味付けするのは難しいにもかかわらず、その抽象性から、数学の外部から明確な定義を与えることはできません。そこで、その運用方法を与えることによって、概念を規定するのが一般的です。その運用方法こそが演繹システムなのです。このことを理解する具体例として、この章では「等号の演繹システム」を解説しましょう。

「等しい」とは何だろう

　「等しい」とか「イコール」というのは、私たちが最も初期に教わる代数的な関係でしょう。実際、日本では、小学生のときに習います。「等しい」は等号「＝」の記号で表され、

$$A = B$$

という形式の式として表記されます。

　等号は一般に、見た目には同じでないものを結びつけるときに利用されます。例えば、小学校の低学年で、

$$1 + 1 = 2$$

という足し算計算を教わります。ここで、左辺の「1 + 1」と右辺の「2」は、見た目に異なる記号列ですから、等号は見た目に異なるものの関係が何らかの意味で「同じである」、ということを意味するものです。たぶん、小学校で次に教わる等号

のめざましい使い方は、分数の等式でしょう。例えば、

$$\frac{3}{6} = \frac{1}{2}$$

という等式は、見た目には異なる分数が実は同じであることを教えるものです。中学生になると、もっと高度な等式を教わることになります。例えば、文字式の等式、

$$2x + 3y + 5x + 2y = 7x + 5y$$

あるいは、

$$(a + b)(a - b) = a^2 - b^2$$

などです。これらの等式において、左右の記号列が「同じ」とか「等しい」とかになることは、そんなに自明ではないでしょう。

　実際、2つの記号列が「同じ」あるいは「等しい」ということは、どの世界で何を考えているかに依存します。例えば、$\frac{3}{6}$ と $\frac{1}{2}$ を比べるとき、野球のヒット数に対して考えてみましょう。ある選手の「打率（打席全体の中でのヒットの割合）」で考えるなら、確かにこの2つは等しいです。他方、前者を「6打席のうち、ヒットが3本だった」と、後者を「2打席のうち、ヒットが1本だった」と、文字通りの「できごと」に捉えると「同じではない」はずです。つまり、「同じ」とか「等しい」ということは、規定されるべきことであって、何もなしに暗黙で決まっていることではありません。

　数学の世界は抽象的な世界ですから、「等号とは何であるか」

は、特定の外的世界に依拠せず、普遍的な形で取り決めるべきです。普遍的な形で取り決めるには、どんな「意味」の助けを借りることもできません。したがって、前節で述べたように、運用の規則によって定められるしかないでしょう。つまり、**「等号の運用規則」**を与えることこそが、「等号とは何か」ということの答えを与えることなのです。「等号の運用規則」は、今までの用語で言えば、「等号の演繹システム」ということになります。

等号の推論規則

「等号の演繹システム」を与えましょう。前節で解説したように、演繹システムは「言語」「公理」「推論規則」の3つによって与えられます。等号の演繹システムは、やろうと思えば（関数記号などを使えば）非常に普遍的に設定することができますが、ここではわかりやすさを優先して、「足し算」「掛け算」に対応する計算ができる代数の世界として設定します。

まずは、「言語」を規定します。

記号は、定数記号 '0'、変数記号 'x'、'y'、'z'、…、

演算記号 '+'、'×'、

等号記号 ':=:'、カッコ記号 '('　')' から成る

項は次のように定義される。

(1) 定数0は項である。

(2) 変数 $x, y, z,$ …は項である。

(3) t_1 を項とするとき、カッコをつけた、(t_1) は項である。

(4) t_1 と t_2 を項とするとき、それらを+で結んだ、

　$(t_1) + (t_2)$、は項である。

(5) t_1 と t_2 を項とするとき、それらを×で結んだ、

　$(t_1) \times (t_2)$、は項である。

(6) 以上 (1)(2)(3)(4)(5)の手続きで作られるもののみが

　項である。

例えば、

　$(x) + (y)$、$((x) + (0)) + (y)$、$((x) + (y)) \times ((y) + (z))$

などはそれぞれ項。ここでは、カッコは演算順序をはっきりさせるためにつけてあるが、読みにくくなるので、以降は中学・高校の通常の記法を踏襲し、できる限り省略することとする。

　また、等式は次のように定義される。

(6) t_1 と t_2 を任意の項とするとき、$t_1 :=: t_2$ は等式である。

以上の言語の中で、0はゼロを、＋は加法を、×は乗法を連想するものとして導入していますが、以下の解説ではそのようなイメージと常に一定の距離を置いていてください。これらは単なる形式的な記号であり、「呪文」「象形文字」のようなものと見なしてください。特定の何かを想定してしまうと、かえって理解の邪魔となります。

　とりわけ、等号は、日常的に使われる「等しい」という「意味」と無縁であることを強調するため、わざと「:=:」という記号を用いています。本書ではこれを「**形式的等号**」と呼ぶことにします。すなわち、t_1とt_2を項とするとき、

$$t_1 :=: t_2$$

を形式的等式と呼びます。「＝」ではなく、「:=:」という記号で書いたときには、私たちがこれから学ぶ「等式の演繹システム」というある種の無意味な形式的世界（いわば、ゲーム世界）での暗号であると理解し、そこにはいかなる現実的な「意味」もないことを了解してください。あとで、「＝」と「:=:」が解説の中に混在するようになりますが、そのときは「:=:」の入った式のほうは、演繹システムの形式的世界の式、「＝」の入った式は意味を持つ世界の式、と理解してください。

　次に等号の「公理」を規定します。

　最も重要な「公理」は、次の「**等号公理**」です。

つまり、「同じ項 t を $:=:$ で結んだ等式は演繹図に置ける」、ということです。

　この公理は等式を扱ういかなる演繹システムでも共通に設定されます。他方、以下に列挙する「演算に関する公理」たちは、扱いたい代数世界に依存して適宜選ばれるものです。ここでは、抽象数学に慣れていない人、このような演繹システムに初めて触れる人に配慮し、わりあい馴染みのある「加法」「乗法」の対応物を備えた代数世界を扱うための公理を設定しましょう。演算に関する「公理」は6個あります。x, y, z は変数記号です。

　　　　　　公理T1　$0 + x :=: x$

　　　　　　公理T2　$x + y :=: y + x$

　　　　　　公理T3　$(x + y) + z :=: x + (y + z)$

　　　　　　公理T4　$x \times y :=: y \times x$

　　　　　　公理T5　$(x \times y) \times z :=: x \times (y \times z)$

　　　　　　公理T6　$x \times (y + z) :=: x \times y + x \times z$

それぞれの等式は、通常の代数で理解すれば、よく知られた法則となっていることが見て取れるでしょう。公理T1は、ゼロの役割を与えるものです。また通常、T2とT4は「**交換法則**」と呼ばれ、T3とT5は「**結合法則**」と呼ばれ、T6は「**分配法則**」と呼ばれています。

　等号の演繹システムで最も重要なのは、「**推論規則**」です。以下のようになっています。

＊等号の演繹システムの推論規則は、以下の4個となっている。ここでs, t, u, vなどは任意の項、xは変数とする。

（**対称律**）任意の項s, tに対して、

$$s \mathrel{\vdots=\vdots} t$$

から

$$t \mathrel{\vdots=\vdots} s$$

を導いて良い。すなわち、「等式の左右を入れ替えることができる」。

（**推移律**）任意の項s, t, uに対して、

$$s \mathrel{\vdots=\vdots} t \text{ と } t \mathrel{\vdots=\vdots} u$$

から

$$s \mathrel{\vdots=\vdots} u$$

を導いて良い。すなわち、「等しいものと等しいものは、相等しい」。

(代入律)

項s, tを変数xの入っている項とし、項sの中の変数xをすべて任意の項uに置き換えてできる項s_1と、項tの中の変数xをすべて任意の項uに置き換えてできる項t_1とすれば、等式

$$s \stackrel{.}{=} t$$

から

$$s_1 \stackrel{.}{=} t_1$$

を導いて良い。すなわち、「等式の変数に同じ項を代入して良い」。

(合成律) 任意の項s, t, u, vに対して、

$$s \stackrel{.}{=} t \, \text{と} \, u \stackrel{.}{=} v$$

から、

$$s + u \stackrel{.}{=} t + v$$

を導いて良い。また、

$$s \times u \stackrel{.}{=} t \times v$$

を導いて良い。すなわち、「等しい項が2組あったら、同じ演算をほどこせる」。

これら「対称律」「推移律」「代入律」「合成律」は、中学・高校で教わる展開・因数分解や、方程式を解くときの式操作の中で、自然に行っている操作に名前を付けて明示したものにすぎません。

　ここで、これらの公理たちと推論規則たちを、「等号だから当たり前に成り立つこと」と理解しないでください。真相は逆で、これらの公理たちと推論規則たちが、「等号とはなんであるか」ということを規定している、そう考えてほしいのです。「運用の仕方」が「その記号がなんであるか」という正体を与えている、と理解すべきなのです。つまり、上記の規則たちが「等号とは何か」という問いへの解答なのです。

等号について定理を演繹してみよう

　以下、いくつかの定理とその演繹図を与えますが、演繹図とは何かについては、前章の97ページですでに解説してあります。

　次の**図5.1**が、公理T1から得られる演繹図の最も簡単な例です。

図5.1　定理 0 + 0 ≔ 0 の演繹

| 1.　$0 + x \coloneqq x$　（公理 T1） | ←公理 T1 を持ってきて置いた |
| 2.　$0 + 0 \coloneqq 0$　（1, 代入律） | ←上の式の x に項 0 を代入している |

これは、公理 T1 の変数 x に 0 を代入して導いています。このような代入は、推論規則「代入律」によって許されるのです。2行目の（1, 代入律）の意味は、「1番の等式に対して、代入律を適用した」ということです。

等号の演繹システムでは、当たり前に見える等式の演繹もけっこう骨が折れます。例えば、

$$\textbf{定理}\quad x + 0 \coloneqq x$$

は、直感的には当たり前の式ですが、この演繹システムでちゃんと演繹する場合、図5.2のように、けっこう手間がかかります。

図5.2　定理 $x + 0 \coloneqq x$ の演繹

1. $x + y \coloneqq y + x$　（公理 T2）	←公理 T2 を持ってきて置いた
2. $x + 0 \coloneqq 0 + x$　（1, 代入律）	←代入律によって、1.の y に 0 を代入した
3. $0 + x \coloneqq x$　（公理 T1）	←公理 T1 を持ってきて置いた
4. $x + 0 \coloneqq x$　（2, 3, 推移律）	←2.と3.の2つの式に推移律を使った

私たちは、中学・高校で $0 + x \coloneqq x$ が与えられれば、自然に、$x + 0 \coloneqq x$ を作り出しました。これは人間にとっては、瞬

時に認識できることです。しかし、その背後には、等号の持っている2個の公理と2個の推論規則が運用されているのです。

このように、当たり前に見える等式を公理と推論規則とによって導出することは無駄なことではありません。なぜなら、コンピュータにとっては、どんな等式も自然なものではなく、認識できませんから、予め覚えさせるか、自動的に導出させるしかありません。公理や推論規則での演繹は、コンピュータに作業を覚えさせる（プログラムする）ときには本質的な手続きとなります。

別の定理の演繹も練習してみましょう。次の、

定理　$x \times 0 + x \times 0 := x \times 0$

です。演繹図は**図5.3**です。

図5.3　定理$x \times 0 + x \times 0 := x \times 0$

1. $0 + x := x$ （公理T1）	←公理T1を持ってきて置いた
2. $0 + 0 := 0$ （1, 代入律）	←1.の等式のxに0を代入した
3. $x := x$ （等号公理）	←xを両辺とした等号公理を持ってきた
4. $x \times (0 + 0) := x \times 0$ （2, 3, 合成律）	←2.と3.の等式を合成律で掛け合わせた

5. $x \times (y+z) :=: x \times y + x \times z$ （公理 T6）	←公理 T6 を持ってき て置いた
6. $x \times (0+0) :=: x \times 0 + x \times 0$ （5, 代入律）	←5. の等式の y と z に 0 を代入した
7. $x \times 0 + x \times 0 :=: x \times (0+0)$ （6, 対称律）	←6. の等式を対称律か ら左右入れ替えた
8. $x \times 0 + x \times 0 :=: x \times 0$ （7,4, 推移律）	←7. と 4. の等式に推移 律を用いた

非常に手間のかかる演繹ですが、大事なのは、どの手順にも「どんな公理、どんな推論規則を用いたか」がカッコの中にきちんと書き添えられていることです。演繹というのは、公理・推論規則以外には何者も用いてはいけないからです。

　ここで、「定理である」、すなわち、「演繹できる」ということを表す記号を与えておきます。「等号の演繹システム」をTという記号で書くなら、

「演繹システムTによって、等式 $x \times 0 + x \times 0 :=: x \times 0$ が演繹できる」

ということを、次のように表現します。

$$\mathrm{T} \vdash (x \times 0 + x \times 0 :=: x \times 0)$$

ここで、記号「$\vdash$」は、「演繹できる」を意味しています。これは、「等式 $x \times 0 + x \times 0 :=: x \times 0$ は、演繹システムTの定理である」というふうに読むこともできます。

式計算とは等号の演繹システムと同じ

　私たちは、中学・高校の数学で、文字式を計算したり、方程式を解いたり、展開をしたり、因数分解をしたりすることを習います。これらは一般に「**式計算**」と呼ばれています。このような式計算は、要するに、等号についての演繹を行っていることと同じなのです。ただ、対称律や推移律を厳密に適用すると、すでに見たように、非常に長い演繹となってしまうので、それは暗黙の了解によって省略されているのです。

　例えば、重要な2次式の展開公式として次の式があります。

$$(x + a)(x + b) = x^2 + (a + b)x + ab$$

中高生の数学でのこの公式の使い方は、例えば、次のようなものです。（図5.4）

図5.4

問：$(x + 2)(x + 3)$ を展開せよ。

解：$(x + 2)(x + 3) = x^2 + (2 + 3)x + 2 \times 3$
　　だから、$(x + 2)(x + 3) = x^2 + 5x + 6$

この公式は、展開だけでなく因数分解にも用いられます。
この公式の導出は、普通、次のようになされます。

1. $(x + a)(x + b) = (x + a)x + (x + a)b$

2. $(x + a)x + (x + a)b = x^2 + ax + xb + ab$

3. $x^2 + ax + xb + ab = x^2 + (a + b)x + ab$

4. $(x + a)(x + b) = x^2 + (a + b)x + ab$

この手順をよく見てみると、1.と2.と3.では公理T6を使っています。しかし、これらでは、公理T2、T3、T4が暗黙のうちに用いられていますが、それらを手順として明記することが省略されています。4.では、2回の推移律がいっぺんに用いられています。

このように、式計算において私たちは、等号の演繹システムの推論規則を「当たり前のもの」として、直観的にはしょっているわけです。ともあれ、式計算とか式変形と呼ばれる手続きが、等号の演繹システムと同じものであることが理解できたでしょう。

等号が「正しい」「正しくない」とは？

これまで扱ってきた「:=:」で式が作られた演繹システムの世界は、形式的なもので、私たちが普段接触している数学の世界とは異なっています。そして、抽象的な記号の言語をつらねているだけなので、「:=:」を持つ等式に対して「正しい」「正

しくない」という評価を下すことはできません。

　例えば、**図5.3**で証明された

$$x \times 0 + x \times 0 := x \times 0$$

という等式は、「証明されたのだから、正しいのではないか」
と思われるかもしれません。しかし、よく思い出して欲しいの
は、演繹システムで明確に定義されているのは、「演繹」の手
順だけであり、そこには「正しい」「正しくない」という「意
味論」的判断は規定されていなかったのです。だから、今の段
階では「正しい」という表現はとりません。この辺が、証明を
基礎とする通常の数学との混乱が生じて、わずらわしいところ
です。

　「:=:」を持つ等式が「正しい」「正しくない」を判断するに
は、等号の演繹システムに対する「**モデル**」というものを固定
する必要があります。これは、第2章での、論理式の真偽は可
能世界を1つ指定しないと決まらない、ということに対応しま
す。ここで、「等式の演繹システムのモデル」とは、次の性質
を持っているような数学的対象を言います。

┌─（等号の演繹システムのモデル）────────

　＊定数0の対応する対象を持っている。

　＊「＋」に関する具体的な計算方法が与えられている。

　＊「×」に関する具体的な計算方法が与えられている。

> ＊公理T1, T2, T3, T4, T5, T6のおのおのの等式に対し
> て、それらの変数にその世界の任意の対象を具体的に代
> 入して計算してみたとき、左辺と右辺が必ず同じ計算結
> 果になる。

　これでは、わかりにくいでしょうから、具体例を挙げて説明
しましょう。

　今、「通常の整数の代数世界」は、等号の演繹システムのモ
デルの1つとなります。「通常の整数の代数世界」は、Z、と記
されます。整数の代数世界Zは、引き算（減法）もできます
が、ここでは加法と乗法のできる世界とだけ見なします。

　まず、「0」は通常の整数0と解釈します。「＋」と「×」は
普通に加法と乗法と解釈します。

　このとき、例えば、公理T2を見てみましょう。

公理T2:　　$x + y := y + x$

この等式のxとyに任意の整数を代入すると、左辺も右辺も
「具体的に計算できる」ようになります。そうすると、左辺と
右辺の計算結果が一致するかどうか判定できます。例えば、
$x = 2, y = 5$としてみましょう。このとき、左辺は2＋5で計算
結果は7になります。また、右辺は5＋2で計算結果は7となり
ます。したがって、T2の左辺の計算結果と右辺の計算結果は
一致しています。このことを、通常、

$$2 + 5 = 5 + 2$$

と書きます。ここにおける「＝」という表記は、整数の代数世界**Z**において「左右の計算結果が同じ」ということを意味しているのです。この「＝」は、「:=:」とは区別しなければなりません。

これが、第3章で論理式に対して定義した「真」「偽」と対応するものです。等号の演繹システムにおけるある等式が、整数の代数世界において「真」であるとは、「任意の代入に対して、両辺の計算結果が一致する」ということなのです。

公理T2の等式の左右は、xとyがどんな整数でも計算結果が一致します。したがって、このことをして、「**公理T2は、整数の代数世界で成り立つ**」と言い、

$$\mathbf{Z} \models \mathrm{T2}$$

と記します。記号「$\models$」は、「成り立つ」「正しい」「真である」などを意味する記号です。

ここで、用心深い読者は「どうして、任意の整数xとyに対して、$x + y$と$y + x$の計算結果が同じになるんだっけ？」という素朴な疑問を持つかもしれません。それは、「何かの方法で証明されたのだったかな？」と。数理論理の教科書では、普通、この疑問には答えていません。筆者の感触では、このことは、「何かの公理系で証明された」と考えてもいいし、「小学生以来教わってきた数学の中での既定事実」としても良いように

思います。この点については、「なんだか知らないが、成り立つもの」と思っておいてください。

だめ押しとして、公理T6についても、具体的に確認しておきましょう。

公理T6 $x \times (y + z) \mathbin{:=:} x \times y + x \times z$

例えば、$x = 3$, $y = 2$, $z = 5$としてみると、左辺の計算結果は$3 \times (2 + 5) = 21$で、右辺の計算結果は$3 \times 2 + 3 \times 5 = 21$で、両者の計算結果が一致しています。すなわち、「＝」を使って、

$$3 \times (2 + 5) = 3 \times 2 + 3 \times 5$$

と書き表すことができます。したがって、$x = 3$, $y = 2$, $z = 5$に関しては、等式T6は「正しい」ことがわかりました。他の任意の整数に対してもT6は成り立ちます（既定事実と考えます）。すなわち、

$$\mathbf{Z} \models \mathrm{T6}$$

ということです。他の公理についても、整数の代数世界ですべてが成り立つことがわかります。このことをして、「**整数の代数世界Zは、等号の演繹システムTのモデルである**」と呼びます。

他のモデルも見てみよう

整数の代数世界が、等号の演繹システムのモデルであること

がわかりましたが、他にもモデルがあるでしょうか？

　もちろん、分数を含めた有理数の代数世界も、実数の代数世界もモデルであることはいうまでもありません。しかし、これらは当たり前すぎて面白くないので、あまり知られていない例を与えることにしましょう。

　等号の演繹システムの第二のモデルは、「偶数」「奇数」に足し算・掛け算を定義した世界です。「偶数」を「0」で、奇数を1で代表して書き、「＋」「×」は次のように定義されます。

$$0 + 0 = 0, \ 0 + 1 = 1, \ 1 + 0 = 1, \ 1 + 1 = 0$$

$$0 \times 0 = 0, \ 0 \times 1 = 0, \ 1 \times 0 = 0, \ 1 \times 1 = 1$$

これを表にしたものが図5.5です。

図5.5　偶数・奇数の代数（2元体）

＋	0	1
0	0	1
1	1	0

加法

×	0	1
0	0	0
1	0	1

乗法

ここで、例えば、「1 ＋ 1 ＝ 0」は「奇数＋奇数＝偶数」ということを、「0 × 1 ＝ 0」は「偶数×奇数＝偶数」ということを、それぞれ表しています。このような計算法則を持つ0, 1の世界を「2元体」と呼びます。通常の代数と異なるのは、「1 ＋ 1 ＝ 0」だけです。（2元体は、他に減法、除法も可能ですが、ここ

では無視します）。

　等号の演繹システムに対して、記号「0」を2元体の数0と解釈し、記号「＋」「×」を2元体の加法、乗法と解釈すれば、2元体は等号の演繹システムのモデルとなります。すなわち、公理T1〜公理T6が成り立つのです。

　2元体は数が2個しかないので、どの公理の等式も、有限回の計算で確認することができます。ここでは、

公理T6　$x \times (y + z) \fallingdotseq x \times y + x \times z$

に対してだけ見てみましょう。$x = 1, y = 1, z = 1$として、両辺を計算してみます。左辺で、$1 \times (1 + 1)$ は、1×0から0となります。他方、右辺で、$1 \times 1 + 1 \times 1$は、いったん$1 + 1$と計算され、その結果0となります。これで一致が確かめられました。

　このような手続きで、2元体は等号の演繹システムのモデルであるとわかります。

集合世界のモデル

　等号の演繹システムのモデルを、もう1つ紹介しましょう。集合の世界のモデルです。どんな集合を集めてきて世界を作っても一般的なモデルとなり得るのですが、ここでは読者の理解を容易にするために、具体的な8個の集合を与えることとしま

す。

　今、3人の人物、甲さん、乙さん、丙さんの中から、何人か
を集めて作ったグループを集合として設定し、8個の集合を作
り、それらを数字で表記しましょう。

　0：{　}，　1：{甲}，　2：{乙}，　3：{丙}，

　4：{甲, 乙}，　5：{乙, 丙}，　6：{甲, 丙}，　7：{甲, 乙, 丙}

　ちなみに、0と名付けた{　}は、何も要素を持たない集合の
ことで「**空集合**」と呼びます。

　この8個の集合の世界において、「＋」は「合併」と解釈し
ます。例えば、4 + 5は、

　　　集合{甲, 乙}のメンバーと集合{乙, 丙}のメンバー

　　　を合併した集合

として、集合{甲, 乙, 丙}とします。つまり、4 + 5の計算結果
は7です。同様に、1 + 6は、

　　　　集合{甲}と集合{甲, 丙}の合併した場合

として、集合{甲, 丙}、すなわち、6となります。加法の計算
結果は、**図5.6**です。

図5.6　集合算の加法

+	甲	乙	丙	甲乙	乙丙	甲丙	甲乙丙
	0	1	2	3	4	5	6	7
0	0	1	2	3	4	5	6	7
1	1	1	4	6	4	7	6	7
2	2	4	2	5	4	5	7	7
3	3	6	5	3	7	5	6	7
4	4	4	4	7	4	7	7	7
5	5	7	5	5	7	5	7	7
6	6	6	7	6	7	7	6	7
7	7	7	7	7	7	7	7	7

　次に、この8個の集合の世界において、「×」は集合の共通部分と解釈します。例えば、4×5の計算結果は、

　　　　{甲, 乙}と{乙, 丙}の共通のメンバー

として{乙}となります。すなわち、4×5＝2です。また、2×6の計算結果は、

　　　　{乙}と{甲, 丙}の共通メンバー

はいないので、空集合0、すなわち、2×6＝0となります。これらの乗法の結果を表にすると、**図5.7**となります。

図5.7　集合算の乗法

	甲	乙	丙	甲乙	乙丙	甲丙	甲乙丙
×	0	1	2	3	4	5	6	7
0	0	0	0	0	0	0	0	0
1	0	1	0	0	1	0	1	1
2	0	0	2	0	2	2	0	2
3	0	0	0	3	0	3	3	3
4	0	1	2	0	4	2	1	4
5	0	0	2	3	2	5	3	5
6	0	1	0	3	1	3	6	6
7	0	1	2	3	4	5	6	7

この集合算において、公理T1〜公理T6にどんな代入を行っても、両辺の計算結果が一致することが確かめられます。T1〜T5は、直観的に納得できると思います。T6に対しては、図5.8のように図解で理解するほうが近道でしょう。

図5.8　公理T6の図解

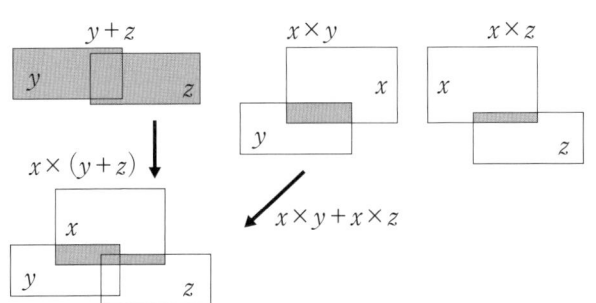

「等しい」を特徴付ける

　以上のように、等号の演繹システムのモデルは、整数の代数世界、2元体、集合算など、いろいろなモデルを持っています。逆に言うと、等号の演繹システムとは、これらの具体的な計算の世界を抽象化して、それらに通底する「システム」を抽出したもの、ということができます。

　大事なことは、これらのモデルにおいて、「等しい」ということの仕組みはそれぞれ固有である、ということです。「等しい」ということ、すなわち、「両辺の計算結果の一致」ということが、どのような運用規則で特徴付けられるか、それに答えるものが「対称律」「推移律」「代入律」「合成律」などの推論規則だ、ということなのです。

　実際、次のような重要な事実がわかっています。

> **（等号の演繹システムの健全性）**
>
> 等号の演繹システムTで演繹される等式 ϕ は、Tのいかなるモデルにおいても真となる。

言い換えると、Tで演繹される定理はTのいかなるモデルにおいても正しい、ということです。これを「システムTの健全性」と言います。

もう1つ、次のことも知られています。

(等号の演繹システムの完全性)

等号の演繹システム T の言語で表現される等式 ϕ が、T の
すべてのモデルにおいて真になるなら、等式 ϕ は等号の演
繹システム T によって演繹できる。

　言い換えると、「システム T のすべてのモデルで正しいよう
な等式は、システム T の公理と推論規則だけで演繹できる」と
いうことです。これを、「**システム T の完全性**」と呼びます。
ここで読み飛ばしてはいけないのは、「**すべてのモデルで**」と
いう文章です。固有のモデル、例えば、整数の代数世界で正し
い等式だと言っても、それはシステム T で演繹できるとは言っ
ていません。T のすべてのモデルで普遍的に正しい等式は、T
という抽象的なシステムだけで演繹できる、と言っているわけ
です。
　システム T の健全性と完全性については、第7章で、詳しい
説明を与えます。

次の演繹図は、等式

$$(y + z) \times x \mathrel{\vdots}= y \times x + z \times x$$

を演繹したものである。

カッコの中にどんな公理、推論規則を使ったかを適切に記入

せよ。

$((y + z) \times x \mathrel{\vdots}= y \times x + z \times x$の演繹図)

1. $x \times y \mathrel{\vdots}= y \times x$　　　(　　　　　)

2. $x \times z \mathrel{\vdots}= z \times x$　　　(1, (　　　))

3. $x \times y + x \times z \mathrel{\vdots}= y \times x + z \times x$　(1, 2, (　　　))

4. $x \times (y + z) \mathrel{\vdots}= x \times y + x \times z$　　　(　　　　　　)

5. $x \times (y + z) \mathrel{\vdots}= y \times x + z \times x$　(3, 4, (　　　))

6. $x \times (y + z) \mathrel{\vdots}= (y + z) \times x$　(1, (　　　　))

7. $(y + z) \times x \mathrel{\vdots}= x \times (y + z)$　(6, (　　　))

8. $(y + z) \times x \mathrel{\vdots}= y \times x + z \times x$　(5, 7, (　　　))

「かつ」「または」「ならば」「でない」の推論規則

第6章

論理における証明

　第4章と第5章で、いくつかの演繹システムにおける演繹の手続きを解説しました。それは、「公理から出発して、与えられた推論規則だけで、記号をつむいでいく作業」でした。第4章と第5章では、わざと、通常の論理記号のない演繹システムを紹介しました。それは、演繹というのが、必ずしも論理に固有のものではない、ということを強調するためです。演繹とは、大胆に言えば、単なる「記号をつむいでいくゲーム」にすぎず、そこに日常言語的意味、あるいは、普通の数学における意味が介在しなくてもかまわないのです。

　しかし、演繹というのが行われるのは一般には論理においてです。とりわけ、数学においてそれは顕著です。数学における演繹は、普通、「証明」と呼ばれます。それは個別の理論において論理式をつむいでいく作業となっています。そこで、この章ではいよいよ、論理式を扱う演繹の手続きについて解説したいと思います。

命題論理と述語論理

　25ページでも説明した通り、論理にはおおまかに分類すると、命題論理と述語論理があります。

命題論理というのは、主張の内容には立ち入らずに、命題記号を∧（かつ）、∨（または）、→（ならば）、¬（でない）で接合してできる論理式を扱うものです。命題論理では、普通の数学を展開することはできません。普通の数学は、＋、×などの演算記号や、＝、≧などの関係性を表す記号や、数や集合や関数などが用いられます。これらは、命題論理では表現しようがありません。

　普通の数学を展開するためには、**述語論理**が必要です。述語論理では、上記のような演算記号、関数記号、関係性記号に加えて、∀（すべての）、∃（存在する）という**量化記号**と呼ばれる論理記号が使われます。記号が多い分だけ、論理は複雑になります。

　この章と次章では、命題論理における演繹システムのほうを解説します。したがって、数学で通常行われる「証明」とは、ずいぶん見た目の違う演繹が展開されます。数学における証明について理解したい、と思っている人には肩すかしになると思います。ただ、命題論理の推論規則自体は、述語論理にも共通のものですから、決して「違う演繹法」というわけではなく、「部分的」な演繹法ということになります。したがって、この章でじっくりと命題論理の演繹システムを理解することが、述語論理での非常に複雑な演繹システムを理解するときの助けになります。

論理の演繹システムは3種類ある

　論理の演繹システムは、おおまかにいって、3種類あります。1つ目は、数学者ヒルベルトの提出したもの、2つ目は数学者ゲンツェンの提出したシークエント計算、3つ目は、同じくゲンツェンが提出した**自然演繹**です。派生形も数えればもっとたくさんありますが、基本的にはこの3種類と言えます。この3つの演繹システムは、演繹の能力は同一なのですが、見た目が違うし、それぞれに固有の特徴があります。

　演繹システムは、「記号」「公理」「推論規則」の3点セットから成ることは、90ページで説明しました。ヒルベルトの演繹システムは、公理が多く、推論規則が少ないものです。そして、公理も、わけのわからない論理式となっています。例えば、

$$p \to (q \to p) \quad (p \text{ならば} (q \text{ならば} p))$$

という論理式が公理として設定されています。つまり、この論理式を出発点として演繹を行って良い、ということです。多くの人は、この論理式の意味が飲み込めないでしょう。

　ゲンツェンのシークエント計算は、もっともっと私たちの直感から遠いものとなっています（簡単に説明できないので、ここではお見せしません）。

　ヒルベルトの演繹システムやゲンツェンのシークエント計算のような、私たちの日常の議論から遠い演繹のシステムは、論

理を数学的に扱う上でいろいろと便利なために考えだされたものです。ある種の数理論理の定理（**メタ定理**）を証明するのに好都合なように編み出されているわけです。したがって、数理論理学者になるためには不可欠ですが、私たちが論理式の演繹システムを初めて勉強するには全く不向きです。

そこで、本書では、ゲンツェンの自然演繹を解説することとします。自然演繹は、できるだけ私たちの日常の議論や数学の証明で行われる推論に近いようなシステムとして、ゲンツェンが編み出したものなのです。

自然演繹は、私たちの認識の根底に近い

私たちは、生まれたときから、誰から教わったわけでもなく、いろいろな推論ができるようになっています。例えば、「雨が降ったら、運動会は中止」と「去年は、運動会が実施された」から、「去年の運動会の日は、雨じゃなかったはず」という推論が自然にできます。これは、そういう思考を訓練した、というより、私たちの自然な認識能力なのでしょう。

人類は、いろいろな文化や環境の中で暮らしています。そして、違った文化、異なる世界の風習や行いを、容易には理解することができません。しかし、こと推論については、なぜか同じ仕方をすることがわかっています。このことについて、数理

論理学者の新井紀子氏は、次のようにうまい例を引いています（文献は［2］）。

　　アマゾンの奥地には、他の文化から隔絶して独自の生活をしているヤノマミという部族がいます。独特な宗教観、世界観を持つ部族だそうです。ヤノマミの女性は妊娠し、出産のときを迎えると、森に入っていき自力で出産をします。そうして、嬰児を産み落とすと、母親がその子は精霊か人間の子か決定を下します。人間の子は母親とともに村に戻ってくるが、精霊と決まればバナナの葉にくるみシロアリの巣に入れてシロアリに食べさせてしまうのだそうです。シロアリが嬰児を食べ尽くしたころ、母親はそのシロアリの巣に火を放ち、煙とともに空に帰します。

　ヤノマミの世界観や倫理観は、我々とは大きく異なっています。我々には彼らの風習は異様とさえ映ります。しかし、注目すべきは、このことに関する彼らの推論だと新井氏は言います。

　　彼らはこう言います。「嬰児は精霊か人間かのどちらかに生まれる。人間ならば村に帰ってくる。精霊ならば、天に帰る。あの妊婦は一人で帰ってきた。生まれ落ちたのは精霊だったのである」。これは、生まれ落ちた子が精霊であったことの「論証」なのです。これは私たちにも完全に理解できるし、推論自体は全く妥当なものです。つまり、これほどまでに世界観や倫理観

が異なる我々とヤノマミの間で、推論の方法は文化を超えて共通している、ということなのです。

　歴史も文化も価値観も違うのに、同じ「推論規則」を使うのは、そもそも人間の脳に先天的にインプット（ブレインストール）されているものだからに違いないでしょう。自然演繹は、そういう人類に共通の推論方法を、できるだけ操作しやすいように形式化したものということができます。私たちの「認識」そのもの、ということです。

自然演繹の言語

　命題論理における自然演繹の「言語」は、次のようになっています。⊥（矛盾）という、まだ解説していない記号が入っていますが、ここでは気にしないで読み進めてください。

＊使う記号は、$p, q, r, \cdots$等の命題記号と、$\wedge, \vee, \rightarrow, \neg, \perp$の5個の論理記号。

＊論理式は次のように定義される。

（1）命題記号$p, q, r, \cdots$等は論理式である。

（2）⊥は論理式である。

（3）t_1とt_2が論理式ならば、$t_1 \wedge t_2, t_1 \vee t_2, t_1 \rightarrow t_2, \neg t_1$は、それぞれが論理式である。

（4）以上の（1）（2）（3）で作られる記号列のみが論理式である。

　必要な場合は、接合の順序はカッコを使って表します。そういう意味では、カッコ記号も言語なのですが、面倒なので、そう設定していません。例えば、次のようなものが論理式となります。

$$p \to (q \to p),\ \neg p,\ p \to \bot,\ \neg(q \to (p \lor r))$$

自然演繹の公理

　次は、命題論理の自然演繹の「公理」です。面白いことに、「公理」は1つもありません。ここに自然演繹の大きな特徴があります。「出発点とする公理が何もないのに、いったい、どうやって演繹をするんだ」という疑問が湧いてくるでしょう。ごもっともです。それがうまいことに可能なのです。それは、このあと推論規則を見れば明らかになります。

　普通に考えると、素朴な恒真式（トートロジー）である、

$$p \to p \quad (p \text{ならば} p)$$

とか、あるいは、

$$p \lor \neg p \quad (p \text{であるか、または} p \text{でない})$$

などをいつでも使える出発点（公理）として準備したほうがい

いのではないか、と思うでしょう。しかし、そんな必要はない
のです。なぜなら、どちらの恒真式も自然演繹で演繹できてし
まうからなのです。

どんな規則が推論規則として
選ばれているか？

　自然演繹の「言語」「公理」の設定が終わったので、「推論規
則」に進みますが、推論規則はたくさんあって、しかもわかり
難いので、解説に長くかかります。本章のこのあと全部を使い
ます。そこで、ここでは先回りして、どんな基準でどんな規則
が選ばれているか、について述べておくことにします。

　命題論理における演繹システムの選択は、次のような目的意
識の下で考えられています。

＊論理式 φ_1 と論理式 φ_2 があって、論理式 φ_1 から論理式 φ_2 が
　演繹できるとき、論理式 φ_1 が正しい場合に、必ず、論理式
　φ_2 も正しい、という性質を持っていて欲しい。

わかりやすく言うと、推論規則では、「正しい主張からは正し
い主張が演繹される」ようにしたい、ということです。正しい
主張から間違った主張が導かれるのでは、論理の体を為しませ
ん。それは不健全な議論です。推論は「健全」であって欲し

い、ということです。

* 絶対的に正しい論理式（恒真式）すべてが、推論規則から導
  かれるようにしたい。

これはけっこう、超越的な注文です。恒真だということは、
「どんな可能世界でも正しい」ということです。そして、「どん
な可能世界でも正しいような主張は、世界の固有性によらず、
形式的な論理操作だけで導出したい」ということなので、論理
学者の「美学」とでも言うべき願望でしょう。

* 推論規則の数をできるだけ少なくしたい。

数学者は、効率性やエレガンスを尊重し、無駄を嫌います。こ
れは、そういう要請です。

　以上をまとめると、「健全で万能でエコノミーな」推論規則
のセットを手にしたい、ということなのです。

　以上にさりげなく「正しい」「絶対的に正しい」のような言
葉が入っています。この言葉は、第3章で解説した「真」「偽」
と同じ意味ですが、今はあまり気にしなくてかまいません。こ
の章では、「真」「偽」という概念と、演繹との関係には立ち入
りません。このことは、次の章で詳しく解説します。

　推論規則を学ぶ上で、もう1つ重要なのは、「推論規則こそ
が、論理記号の意味を規定する」ということです。115ページ

で解説したように、推論規則というのは、その論理記号の「運用の仕方」を与えることであり、そうすることで、「その論理記号が何を意味しているのか」ということを浮かび上がらせるものなのです。

以下、∨、∧、→、¬、⊥に対して、それぞれ個別に、推論規則を解説していきます。ゆっくりじっくり習得していってください。

「ならば」の推論規則

最初に→（ならば）の推論規則を説明します。実は、この→（ならば）の推論規則が、自然演繹の中で最も特徴的な規則であり、それゆえ難しいものです。したがって、この最難関を最初に持ってくることにしました。ここを乗り越えれば、他の論理記号の推論規則の理解は多少楽になると思います。

→（ならば）の推論規則が難しい理由は2つあります。

第一の理由は、$p \rightarrow q$（pならばq）という主張が、第2章で述べた通り、日常会話と論理学との間に齟齬があり、理解が難しいことです。読者が「pならばq」の意味を他人にきちんと説明してみようとすれば、すぐに困難に直面することでしょう。わかっているようで、わかっていないからです。

第2章では、「pならばq」が何であるかについて、「真」「偽」

の立場（意味論の立場）からの解答を与えました。しかし、筆者は、「pならばq」が何であるかについては、推論規則の立場（構文論の立場）から理解したほうが良いと思っています。115ページで説明したように、「運用の仕方」を理解することこそが、その「本性」を理解することだからです。

　困難さの第二の理由は、自然演繹には「**仮定の解消**」（最初に仮定しておいて、あとでなかったことにする）という手続きがあり、それがなかなか理解しづらいことです。自然演繹は、「仮定の解消」のおかげで公理なしに演繹システムとなり得ており、その意味で「仮定の解消」は自然演繹の本質だと言っても過言ではありません。→（ならば）の推論規則の1つである［→導入］には、この「仮定の解消」の手続きが含まれます。

　それでは、→（ならば）の推論規則を解説することとしましょう。

「ならば」の推論規則

　最初の推論規則は、［→除去］です。

［→除去］

　演繹図に、論理式t_1と論理式$t_1 \to t_2$があれば、論理式t_2をつなげて良い。

図6.1　推論規則［→除去］

$$
\begin{array}{l}
\vdots \\
t_1 \qquad \leftarrow\text{すでに演繹されている} \\
\vdots \\
\underline{t_1 \to t_2} \quad \leftarrow\text{すでに演繹されている} \\
t_2 \qquad \leftarrow\text{演繹できる}
\end{array}
$$

ここで図6.1の演繹図の見方を説明しておきましょう。横線から上は、すでに何らかの手続きで演繹が終わっている部分です。横線から下は、今回の演繹です。ここでは、何らかの手続きで、論理式 t_1 と論理式 $t_1 \to t_2$ が演繹されている状態を表しています。このようなときは、新たに演繹図に t_2 をつなげて良い、という規則を表しているわけです。

　この規則は、→記号のあるところから→記号が消えた論理式が得られるので、「**→除去**」と呼ばれます。［→除去］は、非常に基本的な推論です。例えば、「雨　ならば　中止」が主張されていて、「雨」という事実があれば、「中止」が導かれることは誰でもわかるでしょう。「→除去」は、別名「**モーダスポネンス**」と呼ばれ、論理学や数学における最も基本的な推論方法です（modus ponensは、ラテン語。MPと略されることもある）。

　　→（ならば）のもう1つの推論規則は、［→導入］です。こ

れがなかなかクセ者の規則なのです。

[→導入]

　演繹図の中に、論理式t_1を仮定して論理式t_2を導く推論があるとき、論理式$t_1 \to t_2$をつなげ、演繹図の中にある仮定t_1を解消して良い（**図6.2**）。

図6.2　推論規則［→導入］

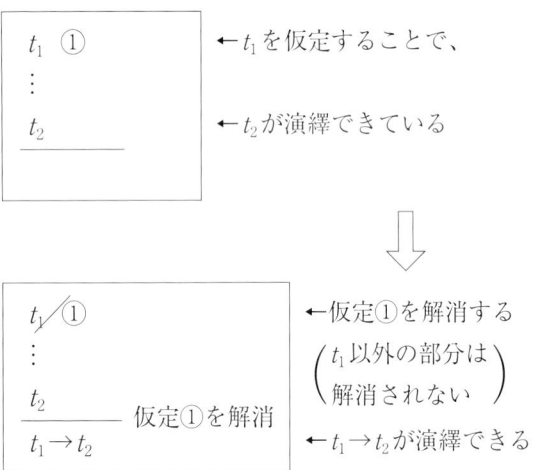

図の見方を説明しましょう。普通は、演繹図では下図しか与えません（このあとはそうなります）が、理解の助けとしてここだけで上図も加えてあります。上図は、論理式t_1から出発すれば、いくつかの推論規則（今後説明するものも含む）によっ

て、論理式 t_2 が演繹できていることを表します。このようなとき、演繹図に論理式 $t_1 \rightarrow t_2$ をつなげ置くことができます。さらには、仮定①を解消します。ここで「仮定を解消する」とは、「仮定をなかったものとする」ということです。

　自然演繹では、「仮定」というのが多く現れます。「**仮定**」とは、演繹の出発点として置く論理式のことです。そして、演繹図の中の仮定は、「解消されない仮定」と「解消された仮定」に分かれます。これらの意味は、あとで、例6.1のところで詳しく説明します。

　［→導入］は、数学において最も基本的な規則で、数学が得意な人は自然に身についているものです。

　例えば、中学数学の幾何の定理「三角形ABCにおいて、AB = ACならば∠B = ∠Cである」があります。

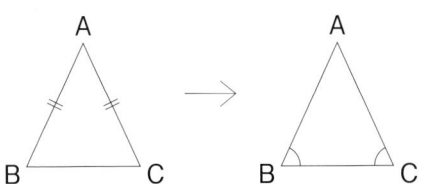

この定理を証明するときは、「AB = ACを仮定する」という一言から出発します。そして、何らかの図形的操作・論理的操作によって、「∠B = ∠C」という等式に到達すると証明は終わります。この作業が完了したとき導出されるのが、「AB = ACならば∠B = ∠Cである」という主張です。この際、も

う、「AB = AC」は仮定されていません。(「AB = AC」を仮定すれば「AB = ACならば∠B = ∠C」である、という文言は、誰でも変な感じがすることでしょう)。このように、「主張 $t_1 \rightarrow t_2$ (t_1 ならば t_2) を導く」ということは、「仮に主張 t_1 を出発点として推論規則を適用していけば、主張 t_2 にたどりつくことができる」ということであり、こういうことが可能であれば、主張 t_1 の仮定なしに主張 $t_1 \rightarrow t_2$ を導ける、のです。それがまさに [→導入] というわけです。

三段論法

　自然演繹の演繹システムは、公理がないので、第4章や第5章のように、すぐに定理を見せてあげることができません。また、あとで解説しますが、定理自体には、(論理学者以外の)読者の興味を引く要素がありません。一方、自然演繹が私たちにとって役に立つのは、数学の証明や論理的な議論の中で、推論がどんな規則を用いて組み立てられているかを明確にできるところにあります。

　したがって、この章では、定理をお見せするのではなく、「どんな前提があれば、何を演繹できるか」ということを例示することにします。例えば、次のような例が「→ (ならば) の推論規則」の典型的な使い方の例となります。

例6.1 $p{\rightarrow}q$ と $q{\rightarrow}r$ から、$p{\rightarrow}r$ を演繹できる。

この例は、「仮に、$p{\rightarrow}q$（p ならば q）と $q{\rightarrow}r$（q ならば r）が演繹できるならば、$p{\rightarrow}r$ が演繹できる」、あるいは、「$p{\rightarrow}q$（p ならば q）と $q{\rightarrow}r$（q ならば r）を演繹図の出発点に置くことができれば、$p{\rightarrow}r$ が演繹できる」ということを表します。

2つの論理式 $p{\rightarrow}q$ と $q{\rightarrow}r$ を集合にした $\{p{\rightarrow}q, q{\rightarrow}r\}$ のことを「**仮定集合**」と呼びます。仮定集合 $\{p{\rightarrow}q, q{\rightarrow}r\}$ から論理式 $p{\rightarrow}r$ が演繹できることを、記号で次のように表記します。

$$\{p{\rightarrow}q, q{\rightarrow}r\} \vdash p{\rightarrow}r$$

「⊢」は、118ページでも説明したように、「左側の論理式の集合から右側の論理式が演繹できる」ということを表す記号です。この演繹図は、**図6.3**のようになります。

図6.3 $p{\rightarrow}q$ と $q{\rightarrow}r$ から $p{\rightarrow}r$ を導く演繹図

図6.3の演繹図を説明しましょう。

まず、①で論理式pを仮定し、さらに②で論理式p→qを仮定します。この2つの論理式に推論規則［→除去］を適用してqを導いたのが2段目です。

次に論理式q→rを仮定します。これが、仮定③です。2段目で導かれた論理式qと仮定③の論理式q→rに推論規則［→除去］を適用してrを導いたのが3段目です。

これによって、1段目の論理式pの仮定①から3段目の論理式rが演繹されたことになりました。そこで、これに推論規則［→導入］を使います。それによって、4段目に論理式p→rをつなぎ置くことができます。それと同時に仮定①が解消されます。

この演繹図で解消されないで残っている仮定は仮定②のp→qと仮定③のq→rです。したがって、この演繹図からわかるのは、「p→qとq→rから、p→rを演繹できる」ということになります。すなわち、{p→q, q→r} ⊢ p→r　ということです。

この例6.1は、俗に「三段論法」と呼ばれているものです。それは例えば、

> ソクラテス、ならば、人間である。
> 人間、ならば、必ず死ぬ。
> ゆえに、
> ソクラテス、ならば、必ず死ぬ。

のような推論の方法を言います。この「三段論法」は、自然演繹の推論規則には採用されていません。なぜなら、「→導入」と「→除去」によって、同じ推論を構成することが可能だからです（もちろん、採用しても問題は起きませんが、効率性から採用されていないのです）。

　もう1つ、例を見てみます。それは、同語反復$p{\to}p$の演繹です。

例6.2　何の仮定もなしに、$p{\to}p$を演繹できる。

　このことを記号では、

$$\vdash\ p{\to}p$$

と記します。仮定がいらないので、⊢の左側には何もありません。これは、自然演繹の推論規則だけで何も仮定せずに右側の論理式が導けること意味しています。このとき、

「$p{\to}p$は、自然演繹の定理である」

といいます。演繹図は意外なほど簡潔です。

図6.4　$p{\to}p$の演繹図

$$\frac{p\ \cancel{①}}{p{\to}p}\ \ [\text{→導入}]\ \ ①の解消$$

まず、pを仮定します。これが仮定①です。すると、演繹図の中にpが置かれますから、これはpが演繹されたことを意味しています。pを仮定するとpが導かれたので、推論規則［→導入］を適用して、論理式$p \to p$をつなげ置くことができます。その際、仮定した①を解消します。これは、何も仮定せずに、$p \to p$が導けたことを意味しています。

　ばかばかしく感じる人もいるかもしれませんが、筆者は「これぞ自然演繹のパワーだ」と感心します。［→導入］と仮定の解消によって、$p \to p$のような同語反復を公理として予め導入しておく必要がなくなるからです。ゲンツェンという数学者の天才ぶりがうかがえます。

　繰り返しになりますが、以上で理解して欲しいことは、「ならば」という論理が、2つの運用方法、「→導入」と「→除去」によって特徴付けられている、ということです。「→導入」と「→除去」が、「ならば」の本性なのです。

「かつ」の推論規則

　次に紹介するのは、∧（かつ）に関する推論規則です。「pかつq」を論理記号で$p \land q$と記したことを思い出してください。

　この「∧」という論理記号について、自然演繹の推論規則が

2つ用意されています。1つは、［∧導入］と呼ばれるもので、もう1つが［∧除去］と呼ばれるものです。順に説明しましょう。

　まず、［∧導入］とは、

推論規則［∧導入］

　演繹図に t_1 と t_2 があれば、そのあとに $t_1 \wedge t_2$ をつなげて良い

という規則です。

図6.5　推論規則［∧導入］

$$
\begin{array}{l}
\vdots \\
t_1 \quad \leftarrow \text{すでに演繹されている} \\
\vdots \\
t_2 \quad \leftarrow \text{すでに演繹されている} \\
\hline
t_1 \wedge t_2 \quad \leftarrow \text{演繹できる}
\end{array}
$$

　この推論規則は「∧記号のないところから∧記号が出現する」から「∧導入」と呼ばれます。

　日常的には次のような推論を意味しています。例えば、何かの調査をしていて、途中で、「イチローは日本人である」ということがわかり、また、別の調査で、「イチローは野球選手である」がわかったとします。そしたら、自動的に、「イチロー

は日本人であり、かつ、イチローは野球選手である」という主張が得られる、というわけです。

∧についてのもう1つの規則に進みましょう。

推論規則 ［∧除去］

演繹図に論理式 $t_1 \wedge t_2$ が現れたら、そのあとに論理式 t_1 をつなげて良い。

図6.6　推論規則 ［∧除去］

$$\frac{t_1 \wedge t_2}{t_1}$$

←すでに演繹されている
←演繹できる

という規則です。この規則も、非常に当たり前のものです。「この容器は丸い　かつ　この容器は赤い」ということがわかれば、それから「この容器は丸い」が導ける、ということにすぎないからです。

この規則は、「∧の入った命題からそれが入らない命題を導く」ので、「除去」という名前がついています。

例をやってみましょう。

例6.3　2つの論理式 $p \wedge q$ と $p \wedge r$ から、論理式 $q \wedge r$ を演繹で

きる。

（すなわち、$\{p \wedge q, \ p \wedge r\} \vdash q \wedge r$）

この演繹図は、図6.7のようになります。

図6.7　$\{p \wedge q, \ p \wedge r\} \vdash q \wedge r$の演繹図

$$\frac{\dfrac{p \wedge q \ ①}{q} \wedge 除去 \quad \dfrac{p \wedge r \ ②}{r} \wedge 除去}{q \wedge r} \wedge 導入$$

「または」の推論規則

引き続いて、「または」の推論規則について説明しましょう。「pまたはq」を論理記号で$p \vee q$と記したことを思い出してください。

「または」の推論規則も［$\vee$導入］と［$\vee$除去］の2つがあります。

推論規則［$\vee$導入］

演繹図に論理式t_1があれば、そのあとに$t_1 \vee t_2$をつなげて良い。

図6.8　推論規則［∨導入］

$$\frac{t_1}{t_1 \vee t_2}$$ ←すでに演繹されている
←演繹できる

　この規則は、推論の中で意識されることがおおよそないと言えます。「彼女は背が高い」という主張をpとしましょう。すると、このpから「彼女は背が高い　または　彼女は美人だ」が導けます。この場合、主張qは「彼女が美人だ」に対応しています。しかし、「彼女は背が高い」がわかっているのに、わざわざ、「彼女は背が高い　または　彼女は美人だ」とつなげる場面は普通の会話ではあまりないでしょう。数学の証明でも、これが使われる場面はほとんど見かけないような気がします。しかし、あとで解説しますが、この推論規則は、他の大事な規則を導く礎になります。したがって、この推論規則は自然演繹には必要不可欠なものなのです。

　もう1つの推論規則は［∨除去］と名付けられたものです。これは通常の論理的な推論で重要であり、「ならば」の推論規則と同じく理解するのが難しい規則です。

推論規則［∨除去］

　演繹図の中に論理式$t_1 \vee t_2$があり、さらに演繹図において、t_1を仮定すればt_3が演繹され、t_2を仮定すればt_3が演繹されて

いるとする。このとき、演繹図に t_3 をつないだ上、仮定 t_1 と仮定 t_2 を解消して良い。

図6.9　推論規則 [∨除去]

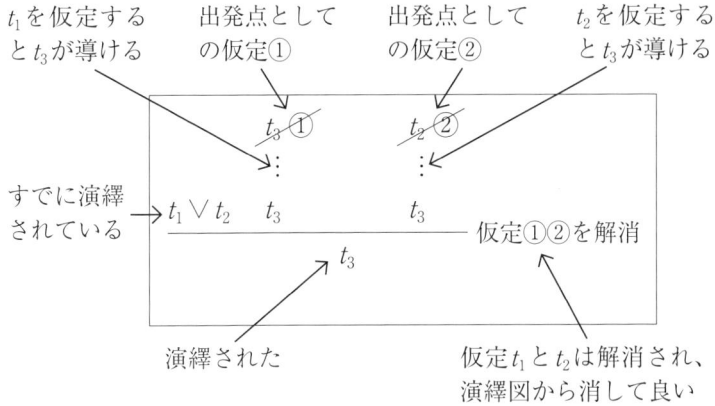

図の説明をしましょう。

まず、横線より上に論理式 $t_1 \vee t_2$ が現れています。また、真ん中の縦のラインでは、論理式 t_1 が①で仮定された上で、なんらかの推論規則たちによって論理式 t_3 が導かれています。さらに、右側の縦のラインでは、論理式 t_2 が②で仮定された上で、なんらかの推論規則たちによって論理式 t_3 が導かれています。このような場合には、横線の下に、論理式 t_3 をつなげ置くことができます。その上で、仮定①と仮定②を解消して、仮定しなかったことにして良い、というわけです。

最初にこれを読んでも、いったいどんな規則なのか、すぐに

は飲み込めないことでしょう。これを習得するには、まず、この規則がいわゆる「場合分けの原理」を表していることを理解する必要があります。

証明における場合分けとは？

　数学の証明において、「場合分けして証明する」ということが頻繁にあります。すなわち、証明の途中で、場合pと場合qのどちらかになることを示します。そして、まず、pの場合にrが成り立つことを証明します。次に、qの場合でもrが成り立つと証明します。これらによって、結局rそのものが成り立つと結論する、という議論の仕方です。

　具体例を使って解説しましょう。次のような証明問題を考えてみます。

例6.4　3で割り切れない自然数nに対し、n^2を3で割った余りは1であることを証明せよ。

　先に解答を与えると以下です。

（解答）

3で割り切れない整数nは、3で割ると余り1または2となる。nを3で割ると余り1の場合、

整数mによって、$n = 3m + 1$と表せる。…①

nを3で割ると余り2の場合は、

整数mによって、$n = 3m + 2$と表せる。…②

さて、①のとき、$n^2 = 9m^2 + 6m + 1 = (3\text{の倍数}) + 1$であるから、$n^2$を3で割った余りは1である。…③

また、②のとき、$n^2 = 9m^2 + 12m + 4 = (3\text{の倍数}) + 1$であるから、$n^2$を3で割った余りは1である。…④

③④により、題意は証明された。 （証明終わり）

　この解答を、［∨除去］に対応させると、次のようになります。論理式t_1に対応するのが主張①、論理式t_2に対応するのが主張②です。$t_1 \lor t_2$は3で割り切れない整数nに対し常に成り立っています。次に、主張「n^2を3で割った余りは1」を論理式t_3に対応させれば、③はt_1を仮定してt_3を演繹していることに対応します。そして、④はt_2を仮定してt_3を演繹していることに対応します。これらのことによって、結局、（$t_1 \lor t_2$はいつも成り立つので）何の仮定もなしに、t_3が演繹されたことになるわけです。

　［∨除去］の使用法の具体的な例は、例6.6でお見せします。

「でない」の推論規則

論理式t_1に対して、その否定は、¬t_1と記しました。数学を得意としない人には、「でない」の推論規則は、「ならば」「かつ」「または」のそれに比べて、理解が相当難しくなります。それは、「矛盾」という新しい概念が加わることになるからです。

「矛盾」は、論理記号では「⊥」と記します。

「矛盾」は、日常会話では「つじつまのあわないこと」を意味します。例えば、事件において、「容疑者の証言は矛盾している」、などというふうに使われます。一方、数学においては、「矛盾」は、もっと明確な意味で使われます。それは、

「論理式t_1とその否定¬t_1の両方が導かれること」

です。これが、「矛盾」の定義だと考えてさしつかえありません。そして、このことを直接的に推論規則にしたものが、次の[¬除去]という推論規則なのです。

推論規則［¬除去］

論理式t_1と論理式¬t_1が、両方演繹図に現れたら、その下に、「矛盾」記号である⊥をつなげて良い。

図6.10　推論規則［¬除去］

$$\begin{array}{c} \vdots \\ t_1 \\ \vdots \\ \neg t_1 \\ \hline \bot \end{array}$$

←t_1が演繹されている

←$\neg t_1$が演繹されている

←矛盾記号を演繹できる

この規則が［¬除去］と呼ばれるのは、推論の上段にあった¬記号が下段ではなくなっていることからです。

さて、⊥（矛盾）の用途は、「**背理法**」という証明方法にあります。この方法は、通常の証明問題にはほとんど出てこないので、知らない方も多いかもしれません。背理法とは、

「証明したい論理式φの否定$\neg\varphi$を仮定して、矛盾⊥を導くことで、φを証明する」

という証明法です。中学数学では、「ルート2（$\sqrt{2}$）が無理数である」証明に出てきます。「ルート2が有理数だと仮定して矛盾を導く」のです。一般的な推論としては、推理小説の中の推理に現れますね。「X氏が犯人でないとすると、Aという行動を取っていることは矛盾している。だから、Xは犯人であろう」というような感じです。

この「背理法」を推論規則に仕立てたものが次です。

推論規則 [背理法]

　論理式$\neg t_1$を仮定して、矛盾を演繹できるならば、t_1をつなぎ置いて、仮定$\neg t_1$を解消して良い。

図6.11　推論規則 [背理法]

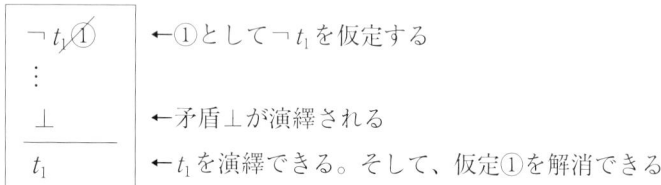

　　←①として$\neg t_1$を仮定する
　　←矛盾$\bot$が演繹される
　　←t_1を演繹できる。そして、仮定①を解消できる

推論規則 [背理法] の応用として、「二重否定は、元と同じ」を導いてみましょう。

例6.5　論理式$\neg\neg p$から論理式pが演繹できる。
すなわち、$\{\neg\neg p\} \vdash p$

図6.12　二重否定

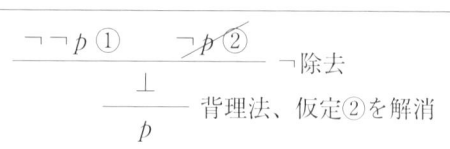

解説を補います。まず、①で$\neg\neg p$（「pでない」でない）を仮

定します。さらに、②で、¬p（pでない）を仮定します。¬pをひとまとまりの論理式t_1と見なせば、①は¬t_1、②はt_1ですから、推論規則［¬除去］を適用でき、⊥（矛盾）を演繹できます。

さて、②で¬pを仮定したら⊥を演繹できたわけですから、推論規則［背理法］によって、pをつなぎ置いて、仮定②を解消することができます。したがって、これは、¬¬p（解消されない仮定①）からpを演繹する演繹図になっています。

このように、¬¬pからpを演繹できるわけですから、「¬¬pからpを演繹できる」ということはわざわざ自然演繹の推論規則にする必要はないとわかります。

背理法は、このように、自然演繹の推論規則のセットの中に採用されている規則です。したがって、「なぜ、背理法を使っていいのか」の解答は、「そう決めたから」です。さらに言うなら、背理法こそが「矛盾⊥とはどんなことか」を特徴付けている規則だと言えるからです。

他方、20世紀に、この［背理法］という推論規則を認めない数学者たちが出現しました。それは**直観主義**と呼ばれる考えを持った数学者たちで、**ブラウワー**が代表者です。このような数学者がいる、ということは、［背理法］という推論規則は必ずしも万人が正しいと思う推論ではない、ということになります（参考文献［10］［15］［16］などを参照のこと）。

推論規則［背理法］とほぼ同じ推論規則として、［￢導入］があります。

推論規則［￢導入］

論理式 t_1 を仮定して⊥が演繹できるとき、￢t_1 をつなぎ置いて仮定 t_1 を解消して良い。

図6.13　推論規則［￢導入］

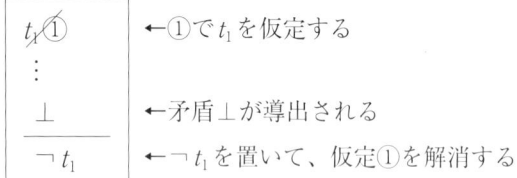

←①で t_1 を仮定する

←矛盾⊥が導出される

←￢t_1 を置いて、仮定①を解消する

この推論規則を利用すれば、先ほどとは逆に、p から￢￢p を演繹できます。これはあとで練習問題としましょう。

矛盾からは何でも証明できる

⊥（矛盾）がかかわる推論規則がもう1つあります。それは、「矛盾からは何を導いてもいい」という内容を持った推論規則で、その名も［矛盾］です。

推論規則［矛盾］

演繹図に⊥があれば、任意の論理式 t_1 をつなげることができる。

図6.14　推論規則［矛盾］

$$\frac{\perp}{t_1}$$

←矛盾が演繹できている

←任意の論理式を演繹できる

この「矛盾からは何を導いてもいい」は、多くの読者が知らず、頭の中にハテナが渦巻くことでしょう。なぜなら、普通の数学の証明では、矛盾が起きたらそこで終わりで、背理法のステップを終了させてしまうからです。

しかし、この事実は、とても重要なことを教えてくれます。それは、「数学は矛盾を嫌う」ということです。数学の理論、例えば、幾何学とか代数学とかの中の特定の分野たちは、特有の公理を持っています。このとき、例えば、特定の幾何学の公理系（例えば、平面幾何の公理系）で矛盾を証明できるとまずいことになります。なぜなら、もしそうであれば、その幾何学からはその言語で記述される任意の主張が証明されてしまってナンセンスになるからです。

このことから、数学者たちは、自分が研究する理論の公理系は矛盾を証明できない、と信じています。そのような矛盾を孕

まない理論を「無矛盾な理論」と呼びます。

　矛盾の推論規則を明確に定めることができたことから、数理論理学は、「特定の演繹システムが矛盾を孕むかどうか」と言った問題を議論することができるようになりました。これは非常に面白いことです。「数学は矛盾を孕むか」と言った超越的な疑問を、数学の内部で検証することができるからです。

　推論規則［矛盾］の使い方の例を1つだけお見せしましょう。また、この例は［∨除去］の推論規則の典型的な使用例ともなっています。

例6.6　　$p \lor q$ と $\neg p$ から q を演繹できる。
すなわち、$\{p \lor q, \neg p\} \vdash q$

　これは、主張「p または q」が成り立って、しかも「p でない」とわかったら、q だとわかる、ということを意味し、日常言語の議論でもよく使うものです。例えば、「犯人は甲か乙かどちらかだ」、しかし、「甲にはアリバイがあるから、甲は犯人ではない」、ということは、「犯人は乙に他ならない」のような感じです。非常に自然で、汎用的な推論ですが、自然演繹ではこれを推論規則に採用していません。なぜなら、それ以外の推論規則から演繹できてしまうからです。

　では、演繹をお見せしますが、この演繹図は今までにも増し

て難しいものになります。①と②など、どうしてそうスタートするのかが、きっと意味不明でしょう。しかしこれは、単に「そうやるとうまく行く」としか言えず、経験的なものなのです。

図6.15　［∨除去］と［矛盾］

$$
\cfrac{\cfrac{\neg p① \quad p②}{\bot} \neg 除去}{p \lor q③ \quad q④ \quad \cfrac{}{q} 矛盾} \\
\cfrac{}{q} \lor 除去、②④を解消
$$

論理式$p \lor q$に∨除去を利用するため、pを仮定する演繹とqを仮定する演繹を行います。一番左のラインでは、論理式$p \lor q$を③として仮定しています。これは、最後まで解消されません。一番右のラインでは、①で$\neg p$を仮定し、②でpを仮定して、⊥（矛盾）を導きました。そこで、推論規則［矛盾］を適用して（どんな論理式でも導けるから）、qを演繹します。

　真ん中のラインでは、qを仮定しています。これによってqが演繹されました。

　pを仮定した右側のラインでも、qを仮定した真ん中のラインでも、qが演繹されていますから、これらと$p \lor q$から、∨除去を適用して、qを演繹することができます。その上で、仮

定②（$p \vee q$のpにあたる）と④（$p \vee q$のqにあたる）を解消
しています。

　解消されていない仮定は①と③ですから、$\{p \vee q, \neg p\} \vdash q$
の演繹図のできあがりです。

命題論理の自然演繹のシステムは完了

　以上によって、命題論理の自然演繹のシステムのすべての推
論規則の解説が終了しました。数学の証明が得意な人は、自分
が証明の中で用いている規則について、良い頭の整理になった
ことと思います。また、数学の証明があまり得意でない人に
とっては、新鮮な知識となったのではないでしょうか。もちろ
ん、紹介した例だけでは、練習が十分とは言えません。もっと
きちんと習得したい人は、お勧め文献・参考文献にある専門書
によって、訓練を積むことをお勧めします。

　本書で自然演繹を紹介した目的は、「証明」と呼ばれる作業
がいかなる形式的な記号操作なのかを理解してもらうためで
す。これを見ることで、証明というのが、「正しい」「正しくな
い」という意味から切り離れて、形式的に記号をつむいでいく
操作だと理解できたことでしょう。もちろん、証明は、「正し
い」「正しくない」ということと密接な関係があります。それ
は次章で解説することになります。

練習問題6.1

(1)「p から $\neg\neg p$ が演繹できる」を、$\vdash$ を使って表現しなさい。

(2)（1）の事実の演繹図を作りなさい。

練習問題6.2

$p \to (q \to p)$ の演繹図を作りなさい（仮定集合なしで大丈夫）。

練習問題6.3（少し難問）

下は、排中律 $p \vee \neg p$ の演繹図である。カッコを適切な推論規則で埋めなさい。（最後に、仮定集合が空集合となることを確認しよう。）

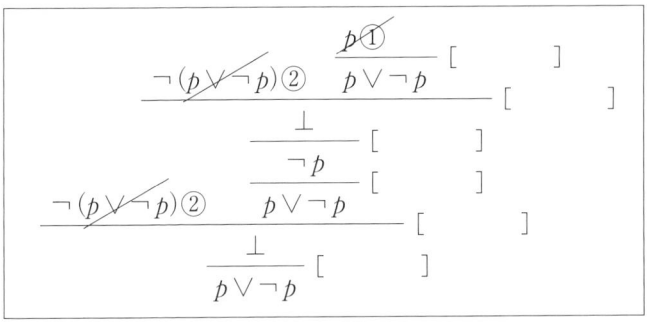

「証明できる」と「正しい」の関係

第7章

「証明できる」と「正しい」の関係

　この第2部では、演繹システムのことを解説してきました。演繹システムとは、特定の言語で形成される記号列について、それらを公理と推論規則で形式的につむいでいくシステムのことでした。数学での「証明」は、このシステムの1つです。

　第5章では等号の演繹システムを紹介し、第6章では命題論理の演繹システム「自然演繹」を解説しました。これらの演繹システムで演繹される等式や論理式は、単なる記号の羅列にすぎないものです。それらは「演繹される」式であって、それに真偽を決めることができません。しかし、それらの言語を解釈できる可能世界を設定すれば、真偽を決めることができるようになります。前者（等号の演繹システム）では、その言語を解釈できるモデルを1つ定めれば可能になります。後者（自然演繹）では、命題記号に「真」「偽」を割り振る可能世界のうちの1つを定めれば可能になります。

　さて、当然、知りたくなるのは、「演繹される」ことと真偽との関係です。

　先回りして結論をおおざっぱに言うと、次のようになります。

＊演繹される式はいつも正しい

＊普遍的に正しい式は演繹できる

前者の性質を「**健全性**」といい、後者の性質を「**完全性**」といいます。等号の演繹システムも、命題論理の自然演繹システムも、「健全」かつ「完全」ということです。この2つは、論理学者が論理に対して切望する性質と言えるでしょう。

　ただし、2つのシステムにおいて、「完全性」「健全性」は少し違ったニュアンスを持っています。また、上の表現では雑すぎて、このまま理解すると大きな勘違いに陥る可能性が高いです。したがって、この章では、2つの演繹システムに対して別々に、「健全性」と「完全性」について解説します。読者の皆さんは、できるだけ正確にこれらの性質の本質を理解し、2つのシステムでのニュアンスの違いと、その共通性とを把握してください。

等号の演繹システムの健全性定理

　最初に等号の演繹システムの健全性を解説しましょう。このシステムの「言語」「公理」「推論規則」については、第5章を読み直してください。

　等号の演繹システムを解釈できるモデルとして、3つの例を与えました。「通常の整数の世界」「二元体の代数世界」「集合の代数世界」です。これも第5章で復習してください。

　さて、等号の演繹システムについて、次のことが成り立ちま

す。

> ──（等号の演繹システムの健全性定理）──────────
>
> 　等号の演繹システムで演繹される等式は、等号の演繹シ
> ステムの任意のモデルにおいて真となる。

あまり重要なことではないですが、論理学の記号で表してみましょう。tとsを任意の項、Mを等号の演繹システムΓの任意のモデル（例えば、「通常の整数の世界」「二元体の代数世界」「集合の代数世界」など）とするとき、次のようになります。

> ──（等号の演繹システムの健全性定理）──────────
>
> （$\Gamma \vdash t:=:s$）ならば、（$M \vDash t:=:s$）

（$\Gamma \vdash t:=:s$）は、「等式$t:=:s$が、等号の演繹システムΓで演繹できる」を表し、（$M \vDash t:=:s$）は、「等式$t:=:s$を、モデルMにおいて解釈した式において、項tの計算結果と項sの計算結果が等しくなる」ということを表しています。

　ここで、「健全性定理」の「定理」というのは、この演繹システムの全体を外側から見て、そこで成り立つ法則であることを表しています。すなわち、「メタ定理」と呼ばれるものです。

等式のモデルでの真偽

　それでは、等号の演繹システムの健全性定理がなぜ成り立つのか、それを具体例から理解していただくこととしましょう。抽象的に証明（メタ証明）を記述するより、このように具体例で確かめていくほうが、ずっとより良い理解に達すると思うからです。

　等号の演繹システムにおいては、次の等式が証明できます。

$$(x+y) \times (z+w) \,{\vdots}={\vdots}\, x \times z + x \times w + y \times z + y \times w \quad \cdots ①$$

この等式①を得る演繹図を具体的に作ると手間がかかるので、要約しながら演繹してみます。112〜114ページの公理と推論規則を参照しながら読んでください。

　公理T6（分配法則）を用いると、

$$(x+y) \times (z+w) \,{\vdots}={\vdots}\, (x+y) \times z + (x+y) \times w \quad \cdots ②$$

が導けます。公理T6（分配法則）と公理T4（乗法の交換法則）を使うと、

$$(x+y) \times z \,{\vdots}={\vdots}\, x \times z + y \times z \qquad \cdots ③$$

$$(x+y) \times w \,{\vdots}={\vdots}\, x \times w + y \times w \qquad \cdots ④$$

③と④に推論規則［合成律］を用いて辺々を足し合わせ、公理T2（加法の交換法則）を用いると

$$(x+y) \times z + (x+y) \times w \,{\vdots}={\vdots}\, x \times z + x \times w + y \times z + y \times w \quad \cdots ⑤$$

が導けます。②と⑤から、推論規則［推移律］を用いれば、目

標の①式が得られます。

　さて、等号の演繹システムΓで等式①が演繹できました。すると、健全性定理が述べているのは、この①式を等号の演繹システムΓのどのモデルで解釈した式も真となる、ということです。2つのモデルで確かめてみましょう。

　整数の代数世界において、$x=1, y=2, z=3, w=4$ と解釈してみます。すると①の左辺の解釈は次のように計算できます。

$$(x+y) \times (z+w) = (1+2) \times (3+4) = 3 \times 7 = 21$$

すなわち、計算結果は21です。他方、右辺の解釈は次のように計算できます。

$$x \times z + x \times w + y \times z + y \times w = 1 \times 3 + 1 \times 4 + 2 \times 3 + 2 \times 4$$
$$= 3 + 4 + 6 + 8 = 21$$

すなわち、計算結果は21です。つまり、整数の代数世界というモデルで①式に1つの解釈を具体的に与えてみたら、確かに①の両辺が等しくなりました。

　次に「集合の代数世界」で、同じ $x=1, y=2, z=3, w=4$ を解釈してみます。128、129ページの図5.6と図5.7を参照しながら、読んでください。通常の計算とは全く異なることに要注意です。①の左辺の解釈は次のような計算になります。

$$(x+y) \times (z+w) = (1+2) \times (3+4) = 4 \times 7 = 4$$

他方、①の右辺の解釈は次のように計算できます。

$$x \times z + x \times w + y \times z + y \times w = 1 \times 3 + 1 \times 4 + 2 \times 3 + 2 \times 4$$
$$= 0 + 1 + 0 + 2 = 1 + 0 + 2 = 1 + 2 = 4$$

　このように、集合の代数世界というモデルで①式に1つの解釈を具体的に与えてみたら、確かに①の両辺が等しくなりました。

健全性定理はなぜ成り立つか

　このように、等号の演繹システムΓで演繹できる①式は、整数の代数世界と集合の代数世界において具体的に解釈するとき、計算そのものが全く異なっているにもかかわらず、両辺の計算結果は等しくなる、という点で一致しました。これが健全性定理なのですが、なぜ成り立つのでしょうか。

　それはかいつまんで言えば、等号の演繹システムΓでの演繹において、各ステップを各モデルで解釈すると、いつも両辺の計算結果を一致させたままに進展するからです。

　例えば、②式（公理T6）に具体的に、$x=1, y=2, z=3, w=4$を代入した両辺は、それぞれ、

　　左辺 $= (1+2) \times (3+4)$、　右辺 $= (1+2) \times 3 + (1+2) \times 4$

ですが、これは整数のモデルでも、集合のモデルでも計算結果が等しくなるはずです。なぜなら、モデルとは任意の代入によって、公理T6が成り立つ（左右の計算結果が一致する）よ

うな世界だからです。同様に、③式、④式についても、左辺の計算結果と右辺の計算結果は同じになります。

さらには、③式と④式の左辺同士と右辺同士を足し合わせたものは、等しくならなくてはなりません。なぜなら、③式の計算結果は、左辺も右辺の同じ数（Aとする）となっており、④式の計算結果は、左辺も右辺の同じ数（Bとする）となっているはずなので、左辺同士を加えたものも、右辺同士を加えたものも、どちらもA+Bとなるからです。

最後は、②式と⑤式から推論規則［推移律］を使って①式を導くわけですが、これを今の代入で計算してみると、①式の左辺の計算結果と右辺の計算結果が一致しなければならないとわかります。なぜなら、②式の左辺と右辺は、同じ数（Cとする）となっており、⑤式の左辺と右辺も同じ数Cとなっているからです（結局、C＝A＋Bだとわかります）。

このように、すべての公理、すべての推論規則は、具体的な代入に対して、左辺と右辺の計算結果が等しい、という性質を保存していることが簡単に確認できます。そうであることから、等号の演繹システムΓで演繹された式に、Γのモデルの対象（数）を具体的に代入しても、等式が生成されるとわかります。

等号の演繹システムの完全性定理

　次に、等号の演繹システムの完全性定理を説明しましょう。それは次のようなものです。

（等号の演繹システムの完全性定理）

　等号の演繹システムΓの言語で記述された等式をt:=:sとする（tとsは項）。この等式t:=:sが、Γのすべてのモデルにおいて真になるとき、等式t:=:sはΓの公理と推論規則によって演繹できる。

　記号で記述するなら、

（ΓのすべてのモデルMに対して$M \vDash$ t:=:s）ならば（Γ⊢ t:=:s）

ということです。

　大事なのは、「すべてのモデルにおいて」という部分です。この章の最初に、

＊普遍的に正しい式は演繹できる

と述べた中の「普遍的に」は、「すべてのモデルにおいて」に対応します。

この定理を利用するには、Γのモデル「すべて」について確かめなければならないわけですから、あまり実用的な定理とは言えません。ただ、哲学的には深みのある定理だと言えます。Γの公理たちすべてが真となるような、ありとあらゆるモデル（可能世界）で、その等式が真であるときには、どれかの世界の固有の性質に依存してその等式が成り立つわけではなく、「等号」というものが備える純粋な推論規則だけによって（「等号」の備える特性のみによって）その等式を演繹することができる、と結論しているからです。

この完全性定理の証明は、さほど難しいものではありませんが、抽象数学に慣れていない人には理解しづらいものです。「**商集合**」という抽象的な概念を用いないとならないからです。意欲的な人向けに、補足の章に証明のアウトラインを与えます。しかし、多くの読者は、理解するのが苦痛だと思うので、無視するほうが良いでしょう。

自然演繹の健全性定理

次に、「命題論理の自然演繹」に対して、健全性定理を与えることとしましょう。命題論理の論理式の「真」「偽」の取り決めについては、第2章で解説しましたので、それを参照してください。ただし、第2章では登場しなかった記号⊥（矛盾）

について補足しておきます。

　　　　　「論理記号⊥はどの可能世界でも偽」

と定義されています。

　さて、命題論理の自然演繹における健全性定理は、次のような定理です。

┌─（自然演繹の健全性定理）─────────────────┐
　解消されない仮定なしに演繹される論理式は、恒真式
　（トートロジー）である。
└───────────────────────────────┘

ここで、恒真式とは、すべての可能世界で真となる論理式だったことを思い出しましょう。

　例えば、151ページで、解消されない仮定なしに（何も仮定しないで）、論理式p→p（pならばp）、が演繹できることを解説しました。さらには、この論理式が恒真式であることも、60ページで解説してあります。これは、健全性定理の一例となっています。

　まず、この定理を「等号の演繹システムΓ」の健全性定理と対応させてみましょう。等号の演繹システムでは、「演繹される等式は、Γのすべてのモデルにおいて真」ということでし

た。自然演繹では、「解消されない仮定なしに演繹される論理式は、すべての可能世界で真」ということです。すなわち、「すべてのモデル」と「すべての可能世界」とが対応しているわけで、意味的には同じであることが理解できるでしょう。

　ただし、自然演繹の健全性定理は、実用的な観点から何か得るものがあるか、と言えば、そうとは言えません。例えば、136ページで与えたように、p→(q→p)（pならば「qならばp」）は、解消されない仮定なしで演繹することができる（練習問題6.2）ので、この定理から恒真式とわかります。しかし、前にも述べたように、この論理式が何を主張しているのかが把握しづらく、（論理学者を除けば）このような論理式の意義は良くわかりません。

　実は、健全性定理は次の形で表現されるほうが、意義を捉えやすいです。

> **（自然演繹の健全性定理・拡張版）**
>
> 論理式 t_1, t_2, …,t_n から成る仮定集合を T とし、仮定集合 T から論理式 t が演繹されるとする。このとき、t_1, t_2, …,t_n がすべて真となる可能世界においては、論理式 t も真となる。

これは、「正しい仮定からは、必ず、正しい結論が演繹される」（より厳密には、仮定をすべて真とする可能世界では、結論も

真）と解釈できるので、論理学の目標だと素直に受け取れるでしょう。ちなみに、仮定集合Tが何もない（空集合）の場合は、仮定集合の論理式がすべて真となる可能世界とは、要するにすべての可能世界ですから、論理式tはすべての可能世界で真、すなわち、恒真式となります。これは、上で解説した健全性定理そのものですから、この定理は「拡張版」と言えるわけです。

　例えば、168ページで演繹図を与えた、「$p \lor q$（pまたはq）と$\lnot p$（pでない）からqを演繹できる」をとりあげてみます。

　これは、仮定集合T = $\{p \lor q, \lnot p\}$から論理式qが演繹できることを示したものでした。そこで、$p \lor q$と$\lnot p$が両方とも真となる可能世界を考えます。図2.6（52ページ）において、前者を真とする可能世界はw_1, w_2, w_3です。後者を真とする可能世界はw_2, w_4です。したがって、両方が真となる可能世界はw_2です。この可能世界w_2において、qは真となっていますから、確かに健全性定理・拡張版が成り立っています。

数学の正しさは健全性定理から来る

　ここで、序章で提示した問題設定の1つ、「数学はなぜいつも正しいのか？」に解答を与えることができます。数学が他の科学とは異なり、常に正しい事実を導き、それが決して覆らな

いのは、自然演繹の健全性によるのです。

　私たちが通常、証明と呼んでいるものは、自然演繹の推論規則を使ったものです。健全性定理は、自然演繹と論理式の真偽とを結びつけるもので、「正しい仮定からは正しい結論が導かれる」という性質のものです。つまり、数学が自然演繹を用いている限り、演繹された論理式は、正しい仮定の下で常に正しいわけです。

　ただし、仮定（解消されない仮定）は、考えている世界で真偽が異なることがありえます。例えば、平面の幾何学で導入される仮定集合（平面幾何の公理と呼ばれる）と、球面幾何で導入される仮定集合（球面幾何の公理と呼ばれる）は異なる集合です。したがって、球面幾何の仮定がすべて真となるとき、平面幾何の仮定はいくつかが偽となります。それゆえ、三角形の内角の和に対して、相容れない定理が演繹されても不思議ではないのです。このような公理系（仮定集合の設定された世界）については、第3部で詳しく解説します。

健全性が成り立つ理由のポイントは？

　健全性定理・拡張版が成り立つ理由は、簡単です。要するに、推論規則おのおのにおいて、健全性が成り立つからなのです。

直観的にはそういうことなのですが、「おのおのの推論規則が、真なる論理式から真なる論理式を導く」ということをきちんと示そうとすると、けっこう煩わしい手続きが必要です。この証明を正確に提示する準備として、まず、ポイントになる「骨格」だけを示すことにします。

　今、［∧導入］しか使わない演繹図に対してだけ、健全性定理・拡張版を証明してみましょう。ステップは、次の3つになります。

ステップ1：1段階のみの演繹図で示す。

ステップ2：2段階の演繹図で示す。

ステップ3：$k \geqq 2$ なる k に関し、$(k-1)$ 段階以下の演繹図での
　　　　　　健全性が保証された下で、k 段階の演繹図で示す。

　ステップ1をやりましょう。1段階しか演繹しない演繹図とは、図7.1です。

図7.1

$$\frac{s_1 \quad s_2}{s_1 \wedge s_2}$$

　1段階の演繹図とは、横線より上では演繹が行われていないものですから、論理式s_1と論理式s_2は、仮定集合Tの中の任意

の2個でなければいけません。したがって、仮定集合Tのすべての論理式を真とする可能世界をwとすれば、wにおいて、論理式s_1も論理式s_2も真です。ということは、wにおいて、当然、論理式$s_1 \wedge s_2$も真となります（50ページ**図2.5**参照）。つまり、健全性が成り立ちます。

　次にステップ2に進みましょう。［∧導入］しか使わない2段階の演繹図とは、**図7.2**となります。

図7.2

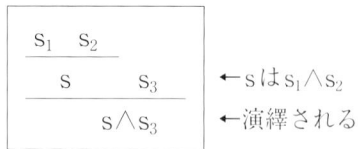

ここで論理式sは、ステップ1の結果から明らかに論理式$s_1 \wedge s_2$なのですが、一般性を意識して、わざと一般的な論理式sと記載しています。2ステップ目は、論理式s_3と論理式sから、［∧導入］によって、$s \wedge s_3$を演繹しています。ここで2ステップであることを考えると、論理式s_3は仮定集合Tの中の任意の論理式でなければなりません。

　仮定集合Tのすべての論理式が真となる可能世界wを考えます。このwの下、論理式s_3は仮定集合に属するので真です。他方、論理式sは、1段階で演繹されたものですから、ステッ

プ1で示された1段階の演繹図の健全性によって、真となります。したがって、論理式s∧s₃は真となります。

　最後にステップ3を示しましょう。今、(k−1) 段階以下の演繹図については健全性がすでに示されている、と仮定し、k 段階の演繹図を考えます（例えば、k=3のときには、ステップ1とステップ2で、(k−1) 段階以下の演繹図については健全性がすでに示されています）。

　k段階の演繹図は、**図7.3**のようになります。

図7.3

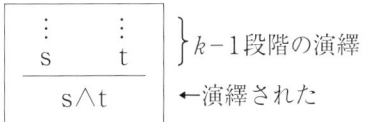

図において、論理式sと論理式tは、(k−1) 段階以内で演繹されている論理式です。［∧導入］によって、論理式s∧tが演繹されています。今、仮定集合Tのすべての論理式が真となる可能世界をwとします。可能世界wの下では、論理式sも論理式tも真となります。なぜなら、これらは (k−1) 段階以内で演繹されているので健全性がすでに示されているからです。したがって、論理式s∧tも真となります。これでステップ3が示されました。

　以上のステップ1、2、3によって、［∧導入］だけによる演

繹図については証明されました。念のため注意しておくと、このステップ分け証明の方法は「**数学的帰納法**」と呼ばれる方法論です（詳しくは、第11章で解説します）。また、実はステップ2は不要なのですが、わかりやすくするためにわざわざ導入してあります。

すべての推論規則に対して確認しよう

前節で、推論規則［∧導入］だけの演繹図については、健全性が証明されました。この方法論を「すべての推論規則の混在する演繹図」に適用すれば、健全性定理・拡張版が証明されるわけです。

前節の証明をきちんと理解すればわかると思いますが、大事なのはステップ3です。ステップ3が証明できさえすれば、ステップ1もステップ2も同様にしてできることは明らかでしょう。したがって、すべての推論規則の混在する演繹図について証明するには、各推論規則について、ステップ3だけ確認していけば十分です。以下、各推論規則について、確認していきます。

ここで、$(k-1)$ 段階以内の任意の演繹図については、任意の仮定集合に対して、健全性定理がすでに証明されていると仮定します。また、仮定集合Tの論理式をすべて真とする任意の

可能世界をwと記します。

*k段階目に［∧除去］を適用しているケース。

　論理式s∧tから、論理式sを演繹しています。可能世界w
の下では、$(k-1)$段階以内ですでに演繹されている論理式s
∧tは真となっています。この場合、論理式sは真です。

*k段階目に［→除去］を適用しているケース。

　論理式sと論理式s→tから、論理式tを演繹しています。可
能世界wの下では、$(k-1)$段階以内ですでに演繹されている
論理式sと論理式s→tは真です。論理式sと論理式s→tが真と
なるのは、論理式tが真の場合に限ります（sが真だから、
s→tが真になるには、tも真でなくてはならない。53ページ図
2.7参照）。

*k段階目に［→導入］を適用しているケース。

　論理式sを仮定して論理式tを演繹しており、それによっ
て、論理式s→tを演繹し、論理式sの仮定を解消しています。
このとき、仮定集合Tに論理式sを加えたものを改めて仮定集
合T∪{s}と記せば、仮定集合T∪{s}からtが演繹されること
に注意しましょう。

　この場合、2つに場合分けをします。第一は、可能世界wの

下で論理式sが真の場合、第二は、可能世界wの下で論理式s
が偽の場合です。第一の場合、可能世界wの下では、仮定集
合Tの論理式すべてと論理式sが真ですから、仮定集合T∪{s}
はすべて真となります。論理式tは、仮定集合T∪{s}から（k
－1）段階以内の演繹図で演繹されるので、仮定から真となり
ます。tが真だと、s→tも真です。第二の場合は、論理式sが
偽ですから、tが真であろうが偽であろうがs→tは真です。以
上によって、どちらの場合でも、s→tは真とわかりました。

＊k段階目に［∨導入］を適用しているケース。

　論理式sから論理式s∨tを演繹しています。可能世界wの
下では、（k－1）段階以内ですでに演繹されている論理式sは
真ですから、論理式s∨tも真となります（**図2.6参照**）。

＊k段階目に［∨除去］を適用しているケース。

　$s_1 ∨ s_2$が演繹図にあり、論理式s_1を仮定すると論理式s_3が演
繹され、かつ、論理式s_2を仮定すると論理式s_3が演繹されてい
ます。これらから、論理式s_3を演繹し、論理式s_1と論理式s_2の
仮定を解消しています（以上はすべて（k－1）段階以内の演
繹です）。可能世界wの下では、（k－1）段階以内で演繹され
ている$s_1 ∨ s_2$は真ですから、論理式s_1と論理式s_2の少なくとも
一方は真です。もしも、論理式s_1が真ならば、仮定集合Tに論

理式s_1を付加した仮定集合$T \cup \{s_1\}$から$(k-1)$段階以内で演繹される論理式s_3は真です。逆に、論理式s_1が偽ならば、論理式s_2が真でなければなりませんから、この場合も、仮定集合Tに論理式s_2を付加した仮定集合$T \cup \{s_2\}$から$(k-1)$段階以内の演繹図で演繹される論理式s_3は真です。どちらにしても、論理式s_3は真とわかりました。

＊k段階目に［背理法］を適用しているケース。

　論理式$\neg s$（sでない）を仮定して$\bot$（矛盾）を演繹できることから、sを演繹し、仮定$\neg s$を解消しています。論理式$\neg s$を仮定して$\bot$（矛盾）を演繹できる、ということは、Tの論理式たちに論理式$\neg s$を付加したものを仮定集合$T \cup \{\neg s\}$と置けば、これらから$(k-1)$段階以下の演繹図で$\bot$を演繹できることを意味することに注意しましょう。

　ここで、仮に、可能世界wの下で論理式sが偽だった、としてみます。このとき、可能世界wの下では、Tの論理式たちはすべて真で、さらに$\neg s$が真となっています。すると、仮定集合$T \cup \{\neg s\}$から$(k-1)$段階以内の演繹できる$\bot$も真でなければならないことになりますが、これは$\bot$がいつも偽であることとつじつまがあいません。したがって、可能世界wの下では論理式sは真でなければならない、とわかります。

＊k段階目に［¬導入］を適用しているケース。

論理式sを仮定すると、⊥（矛盾）が演繹できることから、¬sを演繹し、仮定sを解消しています。このときの健全性は、［背理法］の場合と全く同様です。

＊k段階目に［矛盾］を適用しているケース。

⊥（矛盾）が演繹図にあることから、任意の論理式tを演繹しています。この場合、もしも、仮定集合Tの論理式たちをすべて真とする可能世界wがあるなら、常に偽である⊥が（$k-1$）段階以内の演繹図で演繹されていることになり、（$k-1$）段階以下の健全性からそれはおかしいです。したがって、そういう可能世界wがそもそもないので、tは真偽どちらでも良く、健全性は保持されています。

以上で、すべての推論規則について、ステップ3が確認されました。結局、命題論理の自然演繹というシステムは、「正しい論理式から正しい論理式を演繹していく」システムだということがわかりました。

自然演繹の完全性定理

命題論理の自然演繹では、完全性定理も成り立ちます。完全

性定理にも、2つのバージョンがあります。以下です。

┌─ **（命題論理の自然演繹の完全性定理）** ──────

  恒真式は、自然演繹の推論規則だけで（解消されない仮定
  なしに）必ず演繹できる。

└────────────────────────

┌─ **（自然演繹の完全性定理・拡張版）** ──────

  論理式 $t_1, t_2, \cdots, t_n$ がすべて真となる任意の可能世界におい
  て論理式 t も真であるとする。このとき、論理式 $t_1, t_2, \cdots,$
  t_n から成る仮定集合 T から論理式 t が演繹できる。

└────────────────────────

　まず、等式の演繹システムと対応させて解釈してみましょう。

　論理式 $t_1, t_2, \cdots, t_n$ から成る仮定集合 T から論理式 t が演繹で
きる、というのは、論理式 $t_1, t_2, \cdots, t_n$ をそれぞれ公理とすれ
ば、自然演繹の推論規則を使って論理式 t を演繹できる、とい
うことと同じです。そして、論理式 $t_1, t_2, \cdots, t_n$ がすべて真とな
る可能世界とは、この演繹システムのモデルだと見なすことが
できます。ということは、「すべてのモデルで真となる式は、
演繹できる」と対応していますから、等号の演繹システムの完
全性定理（179ページ）と同じ内容を持っています。

　また、後者の「完全性定理・拡張版」は、前者の「完全性定
理」を拡張したものだと理解できます。なぜなら、後者で仮定

集合Tを空集合とすれば、それらすべてを真とするのは「すべての可能世界」と解釈できます。つまり、tが恒真式ということを意味することになるからです。

　この定理は、不思議と言えば、不思議な定理です。例えば、非常に複雑な論理式tがあって、どの可能世界でも真となっていることが真偽表から具体的に確かめることができるとします。このとき、tがどんなに複雑な論理式であっても、自然演繹の推論規則だけで（解消されない仮定なしに）演繹することができる、ということを意味しているからです。

前者から後者は出てくる

　完全性定理が成り立つなら完全性定理・拡張版が成り立つ、ということは簡単にわかります。次のような理由からです。

　今、完全性定理「恒真式は演繹できる」が成り立っているものとしましょう。さらには、仮定集合$\{t_1, t_2\}$に属する論理式t_1, t_2がともに真となるすべての可能世界wにおいて、論理式tも真だったとします。

　このとき、別の論理式$(t_1 \wedge t_2) \to t$を考えます。論理式t_1とt_2が両方とも真となる可能世界wでは、先ほどの仮定からtは真であり、また、$t_1 \wedge t_2$も真ですから、$(t_1 \wedge t_2) \to t$は真です。他方、論理式t_1とt_2の一方が偽となる可能世界では、$t_1 \wedge t_2$も

偽ですから、$(t_1 \land t_2) \to t$ はやはり真です。これらのことから、この論理式 $(t_1 \land t_2) \to t$ はあらゆる可能世界で真であり、恒真式となります。したがって、完全性定理が証明されていることを前提とするなら、論理式 $(t_1 \land t_2) \to t$ には演繹図が存在します。

さて、仮定集合 $\{t_1, t_2\}$ から明らかに論理式 $t_1 \land t_2$ は演繹できます（[∧導入]）。今述べたように、論理式 $(t_1 \land t_2) \to t$ は演繹できるので、論理式 $t_1 \land t_2$ と論理式 $(t_1 \land t_2) \to t$ とで、t を演繹できます（[→除去]）。

このようにして、完全性定理が成り立つことを認めるなら、完全性定理・拡張版も成り立つとわかります。

では、完全性定理自体はどうやって証明するのでしょうか。これはとてもステキな証明なのですが、かなりテクニカルです。なので、意欲ある人に向けて、補足の章でかいつまんだ解説をすることにします。

構文論的な同値と意味論的な同値

76ページで、論理式 t と論理式 s が同値である（$t \Leftrightarrow s$）ことを、「あらゆる可能世界で、t と s の真偽が一致すること」と述べました。これは意味論の立場から、同値を取り決めたものです。一方、数学をやっている場合、論理式 t から論理式 s を演

繹でき（{t} ⊢ s）、かつ、論理式sから論理式tを演繹できる（{s} ⊢ t）であることを言うことも多いです。これは構文論の立場での同値です。

　しかし、健全性・完全性の成り立つ演繹システムではこの2つを区別する必要はありません。なぜなら、意味論的な同値と構文論的な同値は全く一致することになるからです。これは簡単なので、練習問題としましょう。

健全性定理は、論理の正しさを本当に示しているのか？

　先ほど、健全性定理から「数学が証明することは常に正しい」ということを意味している、と述べました。しかし、前の節で与えた健全性定理の証明をよくよく読み直してみると、この言明が自家撞着に陥っている可能性があることに気がつきます。なぜなら、∧, ∨, →, ¬の推論規則が健全であることを証明した、その証明文を読むと、その証明（メタ証明）にも∧や∨や→や¬に関する推論が（言葉で）用いられているからです。したがって、「これらに関する推論規則が正しいとすれば、これらに対する推論は正しい」という自家撞着が潜んでいることがわかります。このような自家撞着は、人間の認識について考察している論理学には宿命的なものです。この問題につ

いて興味のある読者は、参考文献 ［14］ などの議論を参照して
ください。

論理式tと論理式sは、命題論理の同値な論理式とする
(t⇔s)。このとき、仮定集合{t}から論理式sが演繹でき、仮
定集合{s}から論理式tが演繹できること、およびその逆を、次
のように証明した。カッコを適切に埋めよ。

（証明）　論理式tと論理式sが同値な論理式であることから、t
とsの真偽はすべての可能世界で常に（　　　　）。したがって、
tが真となる可能世界ではsは常に（　　　　）。このとき、自然
演繹の（　　　）定理・拡張版から、仮定集合{t}から論理式s
が演繹できる。仮定集合{s}から論理式tが演繹できることも
同様である。

　また、仮定集合{t}から論理式sが演繹でき、仮定集合{s}か
ら論理式tが演繹できると仮定する。このとき、自然演繹の
（　　　）定理・拡張版から、tが（　　　　）の可能世界では、
sも必ず（　　　）であり、sが（　　　）の可能世界では、t
も必ず（　　　）である。すなわち、論理式tと論理式sはす
べての可能世界において（　　　　　　）。

述語論理を読めるようになる

第8章

述語論理に進もう

　第5章と第6章で、2つの演繹システムを解説しました。演繹システムとは、「言語」と「公理」と「推論規則」を備え、記号をつむぐ「演繹」という操作ができるシステムのことでした。

　解説した演繹システムの1つは、「等号の演繹システム」でした。これは項tと項sを形式的等号で結んだ「t:=:s」という式を演繹していくシステムです。もう1つの演繹システムは、「命題論理における自然演繹」というものでした。これは、命題記号p, q, r, …を5つの論理記号、∧, ∨, →, ¬, ⊥, で接合した論理式を導出していくシステムでした。

　この2つの演繹システムを学ぶことによって、読者は、おおまかには、「演繹するというのがどんな営為か」を理解できたことと思います。ただし、この2つのシステムには、どちらにも物足りない部分があります。「命題論理の自然演繹」は、命題記号p, q, rなどをつなぎ合わせたものにすぎず、そこに通常の数学的な内容は見いだせません。他方、「等号の演繹システム」は、足し算や掛け算を含んだ等式の導出を行うので、数学的な内容を見出すことができますが、そこには∧, ∨, →, ¬, ⊥を使った論理式が現れないので、そういう意味では、私たちがよく目にする数学の世界とは違っています。

そこでこの章以降は、この2つの演繹システムを合体し、そ
れに新しい論理記号を加えて、通常の数学を展開できる演繹シ
ステムを解説することにします。それが、「**述語論理**」と呼ば
れる演繹システムです。

述語論理ってどんな論理？

　述語論理における「述語」というのは、国文法や英文法でい
うところの「述語」と全く同じと考えて差し支えありません。
「…は〜である」という表現の「〜である」の部分を「述語」
といいます。

　述語論理では、例えば、「…は雨である」ということを
Rain(…) などのように、記号で表します。「…」の部分に単語
を入れれば、いろいろな対象について、同じ述語内容を持った
表現を作ることができます。「…」に「東京」を代入して、
Rain(東京) とすれば、「東京は雨である」となります。また、
「大阪」を代入して、Rain(大阪) とすれば、「大阪は雨である」
となります。

　このような述語記号は、高校で習う関数記号 $f(x)$ と似たよう
な書き方をしますが、$f(x)$ が数を表すのに対して、Rain(…) は
「…は雨である」というような「内容のある文」を表すので
す。

もっと数学的な述語としては、「…は素数である」を挙げることができます。これを、例えば、Prime(…) という記号で表すことにすれば、Prime(7) は「7は素数である」という主張を表し、Prime(4) は「4は素数である」を表します。

　また、「2つの対象の関係性」を表す述語もあります。例えば、>(…, 〜) を「…は〜より大きい」という関係性を表す述語とすることができます。例えば、>(8, 5) は「8は5より大きい」という主張となります。もちろん、ご存じのように、これは通常は、8>5、と記されます。つまり、8>5は述語表現の1つと見なすことができる、ということです。

「すべて」と「ある」

　述語論理が命題論理よりも豊かな内容が表現可能となるのは、「〜は存在する」「すべての〜は〜である」などの表現が使えるようになるからです。

　今、S(x)を特定の述語「xはSである」という主張とします。例えば、Sを先ほどのRainと設定すれば、S(x)はRain(x)であり、「xは雨である」という主張になります。このとき、

$$\forall x \, S(x)$$

という論理式は、「すべてのxはSである」という主張を表します。例えば、

$$\forall\, x\ \mathrm{Rain}(x)$$

は、「すべてのxは雨である」という主張を表します。また、

$$\forall\, x\ \mathrm{Prime}(x)$$

は、「すべてのxは素数である」という主張を表します。

　ここで、「∀」という記号は、All（すべて）のAを逆さにした記号です。他方、

$$\exists\, x\ \mathrm{S}(x)$$

は、「あるxが存在して、xはSである」という主張を表します。例えば、

$$\exists\, x\ \mathrm{Rain}(x)$$

は、「あるxが存在して、xは雨である」という主張を表します。意訳すると、「雨の降っている場所がある」という感じです。また、

$$\exists\, x\ \mathrm{Prime}(x)$$

は、「あるxが存在して、xは素数である」という主張を表します。言い換えると、「素数は少なくとも1つは存在する」ということです。ここで、「∃」という記号は、Exist（存在する）のEを逆さにした記号です。

　もちろん、これらの記号は、述語を論理記号で接合した論理式に対して用いることができます。

　例えば、Rain（…）は、先ほどと同じく、「…は雨である」という述語とし、Japan（…）を「…は日本の都道府県である」と

いう別の述語だとしましょう。これらに対して、

$$\exists\,x(\mathrm{Japan}(x)\wedge\mathrm{Rain}(x))$$

は、「あるxが存在して、xは日本の都道府県であり、かつ、xは雨である」ということを意味します。もっと意訳すると「日本の都道府県で雨の降っているところが（少なくとも1カ所は）ある」という内容になります。

　また、

$$\forall\,x(\mathrm{Japan}(x)\rightarrow\mathrm{Rain}(x))$$

は、「xが日本の都道府県ならばxは雨である、がすべてのxについて成り立つ」という主張を意味し、意訳すると「日本の都道府県はすべて雨である」という内容になります。

　∃と∀は「**量化記号**」と呼ばれ、∃が「**存在量化記号**」、∀が「**全称量化記号**」と呼ばれます。

述語論理はフレーゲによって生み出された

　述語論理を生み出したのは、19世紀ドイツの哲学者フレーゲでした。フレーゲは、述語論理を開発したという点で、古代ギリシャのアリストテレスの論理学を真に乗りこえ、論理学の新しい時代を切り開いた人だと言うことができます。実際、∀や∃を使う記法は、フレーゲに由来するそうです。

　現在使われている数理論理の形式を作ったのは、イギリスの

哲学者・数学者であるホワイトヘッドとラッセルでした。2人が1910年に出版した『数学原理』以降、論理を記号で操作することが可能となったのです。

　ラッセルは、フレーゲの論理学に大きな影響を受けました。述語論理の重要性を広めるとともに、フレーゲの理論が孕んでいた矛盾を改修する仕事をしました。ラッセルは、哲学の立場からも論理学を推進する仕事をしました。フレーゲの述語論理を利用して、哲学において重要な難題を解決したのです。ちなみにラッセルは、数学や哲学で以上のような輝かしい業績を作ったあとに、反戦運動や反核運動に身を投じる自由奔放な人でした。

量化記号の読み方の順序

　ここで、量化記号がいくつもついている論理式の場合、その順序が重要だということを注意しておきます。例えば、$\mathrm{Love}(x, y)$という2つの変数を持った述語を「xはyを愛している」という述語と設定しましょう。

　このとき、論理式

$$\forall x \exists y \, \mathrm{Love}(x, y) \quad \cdots ①$$

と、論理式

$$\exists y \forall x \, \mathrm{Love}(x, y) \quad \cdots ②$$

は、全く違う意味になります。大事なのは、「内部のほうから読んでいく」ということです。

①は、「xはyを愛している、というyが存在することが、すべてのxに対して成り立つ」となります。注意すべき点は、「yの存在は統一的なものではなく、個別のxに対応して存在する」ということです。つまり、xとして、太郎くんと次郎くんが考えられるなら、「太郎くんにも愛する人が存在し、次郎くんにも愛する人が存在し、それは必ずしも同じ人物とは限らない」ということです。したがって、①を意訳すれば、「どの人にも誰か愛する人がいる」ということです。

他方②は、「xはyを愛している、ということがすべてのxについて成立するようなyが存在する」となります。この場合は、太郎くんにも次郎くんにもみんなに愛される特定の人がいる、ということで、全員に愛されているモテモテの人の存在を主張しています。意訳すると、「すべての人に愛されている人が存在する」ということです。

述語論理の真偽

命題論理の論理式に真偽を与える仕方は第2章で解説しました。それには、可能世界を1つ選び、命題記号のその可能世界における真偽を使って計算するのでした。

述語論理においても、真偽を定めるには、可能世界を決めておくことは必要です。それは等号の演繹システムのときと同じく、「モデル」と呼ばれます。「モデル」では、次のようなことが成り立たなくてはなりません。

＊演算記号について、実際に演算して値を算出できる
＊関数記号について、実際に関数の値を計算できる
＊性質を表す述語については、その性質が成り立つか成り立たないかが判定できる
＊関係性を表す述語については、その関係があるかないかが判定できる

　述語について、このように真偽が定まれば、これらの述語を論理記号で結びつけた論理式の真偽は、第2章の規則で決めることができます。
　量化記号についての真偽の決め方は、簡単です。

$$\forall x S(x)$$

が真となるのは、その「モデル」におけるすべての対象 x について述語 S(x) の解釈が真である場合です。また、

$$\exists x S(x)$$

が真となるのは、その「モデル」における、ある対象 x について述語 S(x) の解釈が真である場合です。
　例えば、Even(x) を「x は偶数である」という述語としま

す。モデルを自然数の集合とすると、

$$\forall x\ \mathrm{Even}(x)$$

は、「すべてのxは偶数である」という主張ですから、偽となります。一方、モデルを偶数の集合とすれば、この論理式は真となります。

　モデルを自然数とすると、

$$\exists x(\mathrm{Even}(x) \land \mathrm{Prime}(x))$$

は、「偶数であり、かつ、素数であるxが存在する」という主張ですから、真になります。実際、x = 2が論理式$\mathrm{Even}(x) \land \mathrm{Prime}(x)$ を成り立たせます。

　注意すべきことは、変数の入った論理式は、量化記号がついていないと、たとえモデルを設定しても真偽を決められない、ということです。

　例えば、変数xの入った論理式$\mathrm{Even}(x)$ は、モデルを自然数に指定しても、真偽が決まりません。「xは偶数である」という主張はxが決まらない限り、真偽が決まりません。xを決めれば真偽が決まります。したがって、$\mathrm{Even}(x)$ は「xの条件」という説明をしました（69ページ）。他方、$\forall x\ \mathrm{Even}(x)$ とか$\exists x\ \mathrm{Even}(x)$ は、そのままで真偽が決まります。

　次に、量化記号が2つある場合の真偽を見てみましょう。

　以下、モデルを整数の代数世界Zとします。論理式

$$\forall x \exists y(x + y = 0)$$

を考えてみましょう。この論理式は、「$x + y = 0$ となることが あるyに対して成り立つことが、すべてのxに対して成り立つ」 という主張です。整数の代数世界Zでは、この論理式は真とな ります。実際、$x = 1$ に対しては、$y = -1$ を取れば、$x + y = 0$ が成り立ちます。$x = 2$ に対しては、$y = -2$ を取れば、$x + y = 0$ が成り立ちます。以下同様、どんな整数xに対しても、yを $-x$ とすれば、$x + y = 0$ が成り立ちます。

他方、量化記号の順序を入れ替えて、

$$\exists y \forall x (x + y = 0)$$

は、整数の代数世界Zでは、偽となります。この論理式は、「$x + y = 0$ がすべてのxに対し成り立つ、そういうyが存在する」 という主張です。先ほど述べたように、$x = 1$ に対しては $y = -1$、$x = 2$ に対しては $y = -2$ ですから、すべてのxに対して、 統一的に同じyを取ることができません。だから、偽となるの です。

$\exists y \forall x$ から始まる論理式で、真となるのは、例えば、

$$\exists y \forall x (x + y = x)$$

です。これは「$x + y = x$ がすべてのxに対して成り立つよう な、そういうyが存在する」という主張ですが、整数の代数世 界Zでは $y = 0$ とすれば、確かにすべてのxに対して、$x + y = x$ が成り立ちます。だから、この論理式は真となります。

イプシロン・N論法

　量化記号は、「無限」を明瞭に扱えることから、微分積分などの高度な数学に利用されます。

　例えば、「数列がある数に近づく」ということを意味する「極限」という概念は、量化記号を使って正式に定義されます。今、数列（数が無限個並んだもの）を

$$a_1, a_2, a_3, a_4, \cdots, a_n, \cdots$$

とします。「この数列が1に近づく」あるいは「この数列の極限は1である」という主張は、次の述語論理式で表すことができます。

$$\forall \varepsilon > 0 \ \exists N ((n \geqq N) \rightarrow (-\varepsilon \leqq a_n - 1 \leqq \varepsilon)) \quad \cdots ①$$

　ここで「$\forall \varepsilon > 0$」はこれまで出てこなかった記号で、「すべての正の ε に対して」を意味します。実は、$\forall x > 0 \ S(x)$ という論理式は、論理式 $\forall x ((x > 0) \rightarrow S(x))$ で定義されるのですが、この表現だとわかりにくいので、$\forall x > 0$ という形の表現が使われているだけの話です。

　さて、上記の論理式を読みほぐすと、「n が N 以上の番号であるなら、$a_n - 1$ は、$-\varepsilon$ 以上 ε 以下の範囲に入る、ということがある番号 N に関して成り立つ、ということがすべての正数 ε に対して成り立つ」という主張になります。

　わかりやすくするため、この主張をステップ分けして記述す

れば、

ステップ1：正数 ε を任意に指定する

ステップ2：ステップ1で指定された ε それぞれに対応して番号 N が見つかる

ステップ3：ステップ2で見つかった N に対し、N 以上のすべての番号 n に対して、$-\varepsilon \leqq a_n - 1 \leqq \varepsilon$ が成り立つ

ということです。

　この3ステップが成り立つなら、確かに数列 $\{a_n\}$ は1に近づくだろう、ということを具体例で確かめてみることにしましょう。数列として、

$$a_1 = 1.1, \ a_2 = 1.01, \ a_3 = 1.001, \ a_4 = 1.0001, \ \cdots, a_n \cdots$$

を設定することにします。これは、a_n が、1の位と小数第 n 位にだけ1がある小数、ということを意味する数列です。この数列が、「だんだん1に近づいていく」、すなわち、「極限が1である」ことは、直感的にわかるでしょう。

　この数列に対して、論理式①を $\alpha = 1$ として検討してみます。

$$a_n - 1 = (1の位と小数第 n 位が1の数) - 1$$

$$= 0.00 \cdots 1 \ （ただし、1は第 n 位）$$

です。したがって、ステップ1の ε として0.01を設定するなら、ステップ2の N として、$N = 2$ を取れば、ステップ3の論理式

$$(n \geqq 2) \rightarrow (-0.01 \leqq a_n - 1 \leqq 0.01)$$

が真となります。ステップ1の ε として0.00001を設定するな
ら、ステップ2のNとして、$N = 5$を取れば、ステップ3の論
理式

$$(n \geqq 5) \rightarrow (-0.00001 \leqq a_n - 1 \leqq 0.00001)$$

が真となります。

　以上のことを観察すれば、ステップ1の ε をどんなに小さい
正数としても、ステップ2のNが求められることが納得できる
に違いありません。つまり、述語論理式①が成り立つ、という
ことが検証されました。

　「数列が一定数に近づいていく」という「極限」のような「動
的な」概念が、$\forall \varepsilon > 0 \; \exists N$という量化記号を用いて表現でき
ることに驚かれたことでしょう。このような方法を、「**イプシ
ロン・N論法**」と呼びます。ニュートンとライプニッツが微分
の考え方を発見した17世紀には、極限をこのように理解する
ことはできませんでした。極限をイプシロン・N論法から定義
したのは、19世紀のコーシーという数学者だと言われていま
す。

　量化記号を使えば、現在の数学に用いられる概念は、それが
無限概念などを含んだいかに超越的なもののように見えよう
が、すべて表現できます。

第3部

自然数を舞台に
公理系を学ぶ

1＋1＝2を証明しよう

第9章

自然数を舞台に述語論理を学ぼう

　前章では、述語論理の記号とその読解の仕方を解説しました。そして、∀（すべて）と∃（ある）という量化記号を含んだ述語論理式の真偽の決め方についても説明しました。

　すると、次に読者が学ばねばならないのは、述語論理式に関する**演繹**のやり方です。これを理解すれば、おおよそ数学における証明というのが体得できることになります。

　ただ、述語論理における演繹については、命題論理の演繹システムで行ったような「論理体系の内部」だけで議論していると、抽象的すぎてなかなか理解が難しいのです（たいていの数理論理学の教科書はそういう記述をしています）。

　そこで本書では、特定の述語論理の演繹システムを提示し、そのシステムを勉強しながら、同時に述語論理の推論規則を理解してもらうことにしました。それは、自然数を形式的に扱う体系「**自然数論**」です。

　自然数の形式体系とは何でしょうか？　「形式じゃない自然数」と「形式的な自然数」とがあるんでしょうか。

　そう、あるんです。以下、そのことを少し説明しましょう。

自然数とはいったい何だろう

　自然数とは、ご存じのように、1, 2, 3, 4, …と進んでいく数のことです。数理論理学（あるいは数学基礎論）では、0を含めて自然数と呼ぶことが多く、本書もそれに従います。

　　　　　（自然数）　0, 1, 2, 3, 4, …

とします。

　ところで読者の皆さんは、間違いなく、自然数を理解しているはずですが、それでは、いつ自然数を知ったのでしょうか？きっと、「いつのまにか」と答えることでしょう。そう、自然数は、いつのまにか理解されるのです。そのため、私たちは「自然数とは何か」という問いにうまく答えることができません。

　私たちが自然数を理解したプロセスは、おそらく、大人とのコミュニケーションであったでしょう。大人がモノを指さして、「これは1個、これは2個」などと教えてくれた経験の中で、だんだんと自然数を会得していったに違いありません。

　最初はリンゴを指さされると、「1個とはリンゴのこと」と誤解したに違いありません。しかし、いろいろなものに「1個」が共通に使われることに気がついて、「1個」というのが特定のモノを示すのではなく、いろいろなモノに共通の「**属性**」を表していると理解していったと考えられます。

私たちがこのように自然数を経験的に理解できるのは、そもそも人間に「自然数を理解できる能力」が生来備わっているからだ、と考える学者が多いです。例えば、宇沢弘文という著名な経済学者はそのような生来に備わる理解能力のことを「innate」（生来の、生得の、天賦の、先天的な、などと訳される）と表現しています。また、**ウィトゲンシュタイン**という20世紀最高の哲学者は、コミュニケーションによって人間が高度な概念を習得していくあり方を「言語ゲーム」と呼んでいます。彼らの立場から言えば、「人間は、自然数を理解するinnateな能力を備え持っており、それは他者との言語ゲームによって獲得されていく」ということになるでしょう。

　このように、人間が経験的に会得し、認識したり操作したりできる自然数のことを、本書では「**素朴自然数**」と呼ぶことにします。

　一方、数学では、自然数を扱うために、「自然数とは何か」を明確に厳密に定義する必要に迫られました。どうしてかというと、自然数という概念を曖昧なままにしておくと、数学の定義や証明において「使ってよいこと」と「使ってはいけないこと」がはっきりしなくなって困るからです。自然数は、すべての数学の基礎となっていますから、数学の根底が揺らぐことになりかねません。

自然数をどう定義する？

しかし、「自然数とは何か」を明確に厳密に定義するのは困難をきわめる仕事となりました。なぜなら、人間は自然数をいつのまにかわかってしまうため、それが何者かを明確に自覚できないからです。

その「自然数の定義」「自然数の規定」に果敢にチャレンジしたのが、19世紀の3人の数学者、**ペアノ、フレーゲ、デデキント**でした。フレーゲは、204ページでも登場した数学者です。

3人は全く異なる定義方法を提出しました。現代の**数理論理学（数学基礎論）**ではそれらの方法論がミックスされる形で「**自然数論**」という分野が構築されています。それは**フォン・ノイマン**による集合の理論を基礎とした構築なのですが、本書ではそれには触れません（詳しくは、拙著 [7] を参照のこと）。

本書では、自然数を1つの「演繹システムの体系」として基礎付ける方法をご覧にいれます。つまり、自然数についての演繹を行う形式的な体系を作り出して、それと私たちの認識の中の素朴で直感的な自然数（素朴自然数）とを比較してみよう、という試みです。

自然数を特徴付ける

　数学者ペアノは、自然数を規定するために次の3つの性質に注目しました。

（第1の性質）　最初の自然数「0」が存在する。
（第2の性質）　どの自然数にも「次」の自然数が存在する。
（第3の性質）　自然数は循環しない。

（第1の性質）として、「最初の自然数の存在」を導入しているため、負数を持つ整数とは完全に区別されることとなります。（第2の性質）として、「次の自然数の存在」を導入しているので、有理数や実数のように「どの数も密接しているため、隣の数というものが特定できない」数たちとも区別されます。

　つまり、**自然数**とは、「最初の数があって、次の数、次の数と飛び石のように進んでいく」数たち、ということになるのです。しかし、「次がある」だけでは0, 1, 2, 3, …という自然数を特徴付けられないことに気がついたのがペアノの偉いところです。それだけだと循環してしまう可能性があるのです。例えば、曜日にも、必ず「次の曜日」があります。実際、月曜の「次」は火曜、火曜の「次」は水曜、という具合に異なる曜日になっています。ところが曜日においては、月曜→火曜→…というふうに進んで、→日曜まで行ったあと、また月曜につなが

り、循環してしまいます。このような循環性を排除するために、（第3の性質）を要請しているわけです。

　ペアノは、自然数がこの3つの性質を満たすように次の5つの公理を定めました。

公理1　0は自然数である。

公理2　任意の自然数の後者は、また自然数である。

公理3　0はどの自然数の後者でもない。

公理4　自然数xの後者と自然数yの後者が一致しているなら、
　　　　$x＝y$である。

公理5　ある性質が0に対して成立し、その上、その性質を持
　　　　つ任意の自然数の、その後者に対しても成立するな
　　　　ら、その性質はすべての自然数について成立する。

　ここで「後者」とは、「次の数」を意味する言葉です。前記の（第1の性質）は、公理1と公理3に反映されています。（第2の性質）は、公理2そのものです。そして、（第3の性質）が公理4となっています。公理5は、「**数学的帰納法**」と呼ばれる原理です。ペアノが、なぜこの公理5を「自然数を規定するための定義の1つ」としたのかは、この第3部を読み進めばわかります。

３つの自然数の演繹システム

現代的な自然数の演繹システムは、何らかの形で、ペアノの公理を形式化したものです。本書では、3つの体系、「メカ自然数」「メカ自然数Q」「メカ自然数P」を扱います。

述語論理の演繹システムとしては、前のほうが簡単な体系で、後のほうが複雑な体系です。そして、前のほうが「あまり自然数らしくない」体系で、後に行くほどに「自然数に似ている」体系となります。3つもの体系を段階的に紹介するのは、簡単な体系を使って演繹を理解してもらった上で、だんだんと複雑な演繹に進んでもらうほうが、読者の理解に良いと思えるからです。

メカ自然数

最初に「メカ自然数」と名付けた演繹システムを解説しましょう。メカはメカニカル（機械的）のメカですが、これは筆者が勝手に名付けているだけで一般的な用語ではありません（これは、参考文献［11］でBAと名付けられているシステムです）。

演繹システムを取り決めるために、「言語」「公理」「推論規則」を与えることを思い出してください（90ページ）。

メカ自然数の「言語」に使う記号を列挙します。まず、論理学に属しないものは、次の5個です。

$$0,\ S,\ +,\ \times,\ :=:$$

記号0は言うまでもなく、「最初の自然数ゼロ」に対応します。2番目のSですが、これは、「次」を作り出すための記号です。Sはsuccessor（後継者、あとにくるもの）のSです。

例えば、記号S0は、「0の次」を意味し、自然数1に対応します。記号SS0は「0の次の次」あるいは「S0の次」を意味し、自然数2に対応します。同様に、記号SSS0は、自然数3に対応します。これらは、形式的な自然数です。ここでしつこく「形式的」と言っているのは、

$$0,\ S0,\ SS0,\ SSS0,\ \cdots$$

というのが、いわゆる「私たちの頭の中にある自然数」（**素朴自然数**と呼びました）ではなく、「メカニックな自然数」だとして区別したいからです。言い換えると、これらは、これから与える公理系で形式的に操作するための「自然数もどき」である、ということなのです。記号Sで生成されていく数たちは、「自然数もどき」として、通常の自然数とは区別して扱っていきます。

大きなメカ自然数ではSがいっぱい付いてうっとうしいので、数理論理学では、バー付きの自然数を使って略記するのがならわしです。例えば、

$$S0 \to \bar{1}, \ SS0 \to \bar{2}, \ SSS0 \to \bar{3}, \cdots$$

のように略記するのです。はじめからそう記さないのは、記号の種類を少なくするためです。Sを利用すれば、Sと0の2種類の記号ですべての形式的自然数を表現できますが、バー付きの記号だと無限個の記号（あるいは、0から9までとバーを合わせた10種類の記号）が必要になります。本書では、読みにくくならない場合は、S記号を使いますが、読みにくいときはバー付き記号も使います。

　次は、「＋」と「×」です。「＋」は「**形式的な足し算**」を意味し、「×」は「**形式的な掛け算**」を意味します。例えば、

$$S0 + SS0$$

は、「S0とSS0を足し算した結果」に対応し、

$$SS0 \times SSSS0$$

は、「SS0とSSSS0を掛け算した結果」に対応します。ただし、以上の説明は、皆さんが迷子にならないための道しるべにすぎず、これらは私たちが日常の中で経験する足し算や掛け算とはとりあえず無縁の単なる形式的な記号列だと理解してください。

　最後の「:＝:」は、これまでと同じように、形式的な等号です。つまり、「等しい」に対応する記号ですが、以前の章と同様、形式的な記号と理解します。使い方は、例えば、

$$SS0 + SSSS0 :=: SS0 \times SSS0 \quad (\bar{2} + \bar{4} :=: \bar{2} \times \bar{3}、\text{のこと})$$

のごとくです。

メカ自然数の公理

　メカ自然数には、論理記号として、命題論理の5個の記号、

　¬（でない），→（ならば），∨（または），∧（かつ），⊥（矛盾）

も導入されています。

　特に大事なのは、「¬」と「→」です。否定を表す「¬」は、次のように形を変えて利用します。今、

$$¬(SS0 :=: SSS0)　（「\overline{2} :=: \overline{3}」でない）$$

は、形式的等式 SS0 :=: SSS0（$\overline{2} :=: \overline{3}$）を否定している主張ですが、これは次のように略記する約束をしましょう。

$$SS0 :≠: SSS0$$

すなわち、この式を見たら、「SS0 :=: SSS0でない」という論理式「¬(SS0 :=: SSS0)」のこと（¬($\overline{2} :=: \overline{3}$) のこと）だと理解してほしい、ということです。これは単に、私たちに卑近な記号法を使って読みやすくする工夫です。

　以上の記号を利用して、メカ自然数の公理系を与えます。以下です。

公理M1　0:≠:Sζ

公理M2　（Sζ:=:Sξ）→（ζ:=:ξ）

公理M3　ζ+0:=:ζ

公理M4　ζ+Sξ:=:S（ζ+ξ）

公理M5　ζ×0:=:0

公理M6　ζ×Sξ:=:（ζ×ξ）+ζ

注意しておきたいのは、これらの公理は、このままの形で演繹図に使うわけではない、ということです。これらは「**スキーマ（図、図式などの意味）**」と呼ばれる形式で、ζやξなどに（0, S, +, ×を使って作った）項を代入したものたちの全体を表しているのです。例えば、公理M1（0:≠:Sζ）は、ζに項0を代入した、

$$0:≠:S0$$

を公理として含んでいます。また、ζに項S0を代入した、

$$0:≠:SS0$$

を公理として含んでいます。あるいは、ζに項（S0+SSS0）を代入した、

$$0:≠:S（S0+SSS0）$$

も公理として含んでいます。このように、公理M1は、ζに任意の項を代入して作られるすべての式を代表しているわけです。ですから、この公理系は6個の公理を与えたものではな

く、6個の代表（スキーマ）によって、無限個の公理を与えている、と見なさなければなりません。

さて、公理M1は、「0はいかなる項の後者でもない」を意味するので、これがペアノの公理3（219ページ）を表しているとわかります。

また、公理M2は「2数それぞれの後者が等しいならば、その2数は等しい」を意味しているので、ペアノの公理4に対応することが見てとれるでしょう。

公理M3と公理M5は、それぞれ、足し算における0の役割、掛け算における0の役割を与える公理だと言えます。

公理M4は、足し算を制御するための公理で、その意味するところを素朴自然数の立場から書けば、

$$m + (n+1) = (m+n) + 1$$

です。言葉で言えば、「mにnの次の数を加えると、$m+n$の次の数となる」という主張に対応します。これは、いわゆる加法の結合法則を「足す1」に制限したものです。

公理M6は掛け算を制御するための公理で、その意味するところを素朴自然数の立場から書けば、

$$m \times (n+1) = m \times n + m$$

です。言葉で言えば、「mにnの次の数を掛けた結果は、$m \times n$にnを加えたものと等しい」。これは、いわゆる分配法則を「足す1」に制限したルールです。

メカ自然数の演繹システムは、述語「:=:」を持っている、という点では述語論理にあたりますが、量化記号∀と∃は使われていません。量化記号を導入した自然数の演繹システムは次章から解説します。

形式的な自然数としてのメカ自然数

　メカ自然数は、自然数を形式的に扱う演繹システムです。「自然数を形式的に扱う」とは次のようなことを意味しています。すなわち、私たちは自然数とはどんな数で、どんな計算法則を持っているかについて、直観的にわかってしまっています。例えば、自然数 m, n について、

$$m + n = n + m$$

　すなわち、「足し算の仕方を逆にしても結果は同じ」ということを直観的に心得ています。これは、どこかで数学的な証明を見たから知っているわけではなく、何らかの経験や学習の結果として知っているのです。単に「そういうものだ」と教わったからかもしれません。すべての人にとって、自然数の法則というのは、「個人的経験から認識されているもの」なのです。

　それに対してメカ自然数は、全く異なっています。公理によって自然数を規定して、そこで許される操作を形式的にきちんと定義したものなのです。中学生が学ぶ「ユークリッドの幾

何学（論証幾何学）」と同じく、ルールを明確に決めた上で論理によって法則を演繹する体系なのです。

　それでは、引き続いて、推論規則について説明しましょう。**推論規則**というのは、記号の操作として許される手続きのことでした。

　まず、第5章で導入した「等号の公理と推論規則」のうちの（公理ζ：=：ζ）、「対称律」、「推移律」、「代入律」、「合成律」を取り入れます。ただし、「代入律」は「項tと項sについて、t：=：sであれば、等式の中のtをsに置き換えてよい」と拡張しておきます。次に、第6章で導入した論理記号についての自然演繹の推論規則をすべて導入します。これらを駆使して演繹図を作るのが、メカ自然数での演繹ということになります。

　いくつか定理の演繹を見てみることにしましょう。ただし、演繹図を図式で与えると紙面を大きくとってしまうので、式の順番書きによって代用します。また、「等号の公理と推論規則」をいちいち指摘するのは面倒なので、すべて、「記号EQ」で略記して済ませます。すなわち、EQと書いたら、公理ζ：=：ζ、対称律、代入律、合成律のいずれかを意味することとします。

　最初の例は、次の定理です。

（定理1）

$S0 + S0 ：=： SS0$　　（$\overline{1} + \overline{1} ：=： \overline{2}$ のこと）

これは、素朴自然数で言えば、あまりに当たり前の等式ですが、メカ自然数の公理たちと推論規則たちを使って、次のように、形式的に導くことができます。

(定理1の演繹図)

1. $S0 + S0 := S(S0 + 0)$ （公理M4）
   $$[\bar{1} + (0\text{の次}) := ((\bar{1}+0)\text{の次}) \text{という公理}]$$

2. $S0 + 0 := S0$ （公理M3）
   $$[\bar{1} + 0 := \bar{1} \text{という公理}]$$

3. $S0 + S0 := SS0$ （1, 2, EQ）
   $$[\bar{1} + \bar{1} := \bar{2} \text{という式。上の2つに代入律}$$
   を用いて導かれる]

（演繹終わり）

　最初なので、少し丁寧に解説しておきましょう。1.の式は、

　　　　　公理M4　$\zeta + S\xi := S(\zeta + \xi)$

において、ζにS0、ξに0を当てはめれば得られる公理ですから演繹図に置いて良いです。同様にして、2.の式は、

　　　　　公理M3　$\zeta + 0 := \zeta$

において、ζにS0を当てはめて得られる公理ですから、演繹図に置けます。3.は、等号の推論規則の中の［代入律］によって、1.の右辺のカッコの中（S0+0）を、それと等しいことが2.で導出された、2.の右辺（S0）と置き換える、ということです。

　3.の最後に描いてある（1, 2, EQ）は1.の式と2.の式と等号

の推論規則EQ（この場合は「代入律」）を用いていることを意味しています。

　以上の手続きによって、公理（メカ自然数のルール）と推論規則（等号と論理に対して許される操作）だけを用いて、結論が導けました。これは、素朴自然数における1＋1＝2という計算に対応する式を、形式的に演繹したことにあたります。

　これを読者は面白いと思ったでしょうか、それともつまらない、と思ったでしょうか。筆者は、とても面白いと思いました。なぜなら、1＋1＝2という等式は、誰もが当たり前だと思っていますが、その実、証明を知りません。「証明しろ」と言われると、困ったり、「そうだと決まってる」と開き直ったりするしかないでしょう。しかし、幾何学のように、公理と推論規則でこれに明確な証明を与えることができる、というのは衝撃的なことと思えます。

他にもいろいろ証明してみよう

　私たちが明らかと思うことでも、メカ自然数ではあんがい証明が難しかったりします。次の定理はその代表的な例です。

┌─（定理2）────────────────
│ $0 + SS0 :=: SS0$　　（$0 + \overline{2} :=: \overline{2}$ のこと）
└──────────────────────

注意すべきは、これを公理M3から直接に導くことはできない、という点です。公理M3として設定できる式は、$SS0+0:=:$ $SS0$($\overline{2}+0:=:\overline{2}$のこと）ですが、左辺の加法の順序を交換していい、という規則はメカ自然数の推論規則には導入されていません。したがって、これは、次のように演繹しなければなりません。

(定理2の演繹図)

1. $0+SS0:=:S(0+S0)$　（公理M4）
   　　　　　　　　　　$[0+\overline{2}:=:(0+\overline{1})$の次という公理$]$

2. $0+S0:=:S(0+0)$　（公理M4）
   　　　　　　　　　　$[0+\overline{1}:=:(0+0)$の次という公理$]$

3. $0+0:=:0$　　　　　（公理M3）

4. $0+S0:=:S0$　　　　（2, 3, EQ）
   　　　　　　　　　　[代入律で2.の右辺の0+0に3.の右辺0を代入]

5. $0+SS0:=:SS0$　　　（1, 4, EQ）

（演繹終わり）　　　　　[代入律で1.の右辺の0+S0に4.の右辺のS0を代入]

演繹をよくよく観察すると直感できると思いますが、この演繹は、公理M4を使って自然数をだんだん小さくしていくことで成立していると言えます。一般にメカ自然数における演繹は、そういう手続きの連続です。

さて、この演繹のように、直観的にあたりまえのことを5ステップもかけて演繹することを苦痛と思うか、逆に、直観に頼らず形式的に演繹できることを面白いと思うかは、人それぞれでしょう。筆者は後者です。それは、幾何において、見た目では当然と思える性質でさえも論理的な積み上げで導くのに感心してしまう気持ちと同じです。

もう1つだけ、典型的な演繹の例を見ておきましょう。以下は、掛け算に関する定理の演繹です。

（定理3）

SS0×S0:=:SS0　（$\bar{2} \times \bar{1} :=: \bar{2}$ のこと）

素朴自然数では、2×1＝2は計算するまでもない明白な事実ですが、メカ自然数の体系でこれも演繹することができ、またその演繹がけっこう骨の折れる面倒な作業となります。

（定理3の演繹図）

1. SS0×S0:=:SS0×0＋SS0（公理M6）
   　　　　　　　　　　　　[$\bar{2} \times$（0の次）:=: $\bar{2} \times 0 + \bar{2}$という公理]

2. SS0×0:=:0　　　　　（公理M5）
   　　　　　　　　　　　　[$\bar{2} \times 0$:=: 0という公理]

3. SS0×S0:=:0＋SS0　　（1, 2, EQ）
   　　　　　　　　　　　　[代入律で1.の右辺に2.の右辺を代入]

4. $0+SS0 :=: SS0$	（定理2）
	[定理2で証明された$0+\overline{2}:=:\overline{2}$]
5. $SS0+S0 :=: SS0$	(3, 4, EQ)
（演繹終わり）	[代入律で3.の右辺に4.の右辺を代入]

注目してほしいのは、4.のところです。ここでは、前に演繹した定理2の結果を使っています。もちろんここで、定理2の5ステップの演繹をそのまま再現すれば、公理と推論規則だけで演繹図を記述することができます。しかし、それだと、9ステップの長い演繹となってしまいます。このように、前に演繹した定理を埋め込むことによって演繹を短く済ますことが可能になります。「定理」には「演繹の効率化」の役割もあるということです。

否定型の定理の演繹

　メカ自然数の体系の特徴は、**否定型の定理の演繹**ができることにあります。つまり、「…でない」という定理も演繹できるのです。

　ただし、その演繹には、「→除去」（144ページ）と「￢導入」（164ページ）という難しい推論規則を使わなくてはなりません。例として、

┌─（定理4）─────────────────────────
│
│　S0 + S0:≠:S0
│
└──────────────────────────────

という定理の演繹図を与えてみましょう。これは、¬($\overline{1}+\overline{1}$:=:$\overline{1}$)、つまり、「$\overline{1}+\overline{1}$:=:$\overline{1}$でない」を主張する定理です。演繹の方針は、否定記号を削除した「S0 + S0:=:S0」を仮定してスタートし、矛盾を導くことで、否定形「S0 + S0:≠:S0」を導出する、というものです。

┌─（定理4の演繹図）────────────────────
│
│　1*. S0 + S0:=:S0 （仮定）
│　　　　　　　　[$\overline{1}+\overline{1}$:=:$\overline{1}$ を仮定した]
│
│　2. S0 + S0:=:S(S0 + 0) （公理M4）
│　　　　　　　　[$\overline{1}$+(0の次):=:($\overline{1}$+0)の次、という公理]
│
│　3. S(S0 + 0):=:S0 （1, 2, EQ）
│　　　　　　　　[推移律から、2.と1.は左辺が同じなので右
│　　　　　　　　辺同士が等しい]
│
│　4. S(S0 + 0):=:S0→S0 + 0:=:0 （公理M2）
│　　　　　　　　　[($\overline{1}$+0)の次:=:(0の次) なら
│　　　　　　　　　ば$\overline{1}$+0:=:0という公理]
│
│　5. S0 + 0:=:0 （3, 4,→除去）
│　　　　　　　　[3.と4.に[→除去]の推論規則を適用した]
│
│　6. S0 + 0:=:S0 （公理M3）
│　　　　　　　　[$\overline{1}$+0:=:$\overline{1}$という公理]
│

7. $0 \mathbin{:=:} S0$ （5, 6, EQ）

　　　　[5.と6.に推移律を用いた]

8. $0 \mathbin{:\ne:} S0$ （公理 M2）

9. $\bot$ （7, 8, ¬除去）

　　　　[8.が7.の否定にあたるので、矛盾が導かれる]

10. $S0 + S0 \mathbin{:\ne:} S0$ （1*, 7, 8, ¬導入．仮定1*を解消）

　　　　　　　　　　　　　[1.で仮定したことから、矛盾が導かれたの
（演繹終わり）　　　　で、1.の否定を導出し、仮定1.を解消した]

　初めて見ると非常に難解に感じるでしょうから、言葉で説明を補足することとしましょう。最初の1*.は、非常に特異なものです。これは公理や推論規則から持ってきたものではなく、「とりあえず仮定して、出発し、あとで解消する式」なのです。実際、この式から出発することで、7.と8.という矛盾した2式を導出することができ、それによって、この式の否定が10.で導かれ、証明図から仮定1*.が解消されることになるのです。1*.が解消されたことによって、2.～10.の証明は、完全に、公理と推論規則だけによって実行されていることになります。

証明できる式は真なる式

　このようなメカ自然数の公理と推論規則は、どの程度の能力

を持っているのでしょうか。まず、メカ自然数で演繹される定理の真偽について考えてみます。ここで注意したいのは、「**メカ自然数の等式に真偽はない**」ということです。これらは単なる形式的な記号の羅列ですから、正しい・正しくないなどの判断はありません。真偽を判断するには、**モデル（可能世界）**を1つ固定する必要があります。ここでは、素朴自然数をモデルとします。「素朴自然数」はちゃんとした数学の体系でないのにモデルとして良いのか、という鋭い疑問を持つ読者もおられるでしょう。筆者も数理論理学や数学基礎論の専門書を読むたびに、これを疑問に思うのですが、明確に答えてくれている本は、筆者の知る限りありません。もちろん、217ページで名前だけ出した「集合論を基礎とした自然数」（フォン・ノイマンの自然数）をモデルとする、というのはアリかもしれませんが、ここでは、私たちの自然数感覚がおかしなものでないことを前提として、素朴自然数をモデルとしましょう。

┌─（メカ自然数の健全性）────────────

　メカ自然数の体系で演繹できる式は、素朴自然数で解釈すると、すべて真となる。

└────────────────────────

例えば、先ほどの

定理1　S0＋S0:=:SS0

は、素朴自然数に翻訳する（解釈する）と、「1＋1＝2」という式になります。これは素朴自然数においては真なる式です。また、

定理4　S0＋S0：≠：S0

は、素朴自然数に翻訳する（解釈する）と、「1＋1≠1」で、素朴自然数において真なる式です。

　ついでに言っておくと、実はメカ自然数の健全性は、素朴自然数だけでなく、もちろん、メカ自然数を解釈できるあらゆるモデルにおいて成り立ちます。

　この「**健全性**」という性質が成り立つ理由を述べましょう。ポイントは2つあります。

（ポイント1）　公理M1から公理M6で代表される6種類の公理群は、素朴自然数においてすべて真である。

（ポイント2）　メカ自然数の推論規則では、素朴自然数において真の式からは、いつも真の式が導かれる（推論規則の健全性）。

　（ポイント1）は説明するまでもないでしょう。私たちの認識や経験の中のある自然数は、このM1からM6をすべて満たしているはずです。また、（ポイント2）も明らかです。それは、等号の推論規則の健全性（175～176ページ）と自然演繹の健全性（180ページ）に帰着されるからです。

真なる等式はすべて証明可能

　メカ自然数の体系が持っているもう1つのめざましい性質は、さらに強烈なものです。

メカ自然数の完全性（negation complete）

メカ自然数の記号で表現できる論理式であって、素朴自然数で解釈して真であるような論理式は、必ず、メカ自然数の体系で演繹できる。また、偽であるような論理式は、その否定型の式がメカ自然数の体系で演繹できる。

　要するに、メカ自然数の論理式φの素朴自然数での解釈が真なら、論理式φを演繹できるし、逆に解釈が偽なら、否定式（￢φ）を演繹できる、ということです。

　この性質を、メカ自然数の「**完全性**」と呼びます。しかし、この「完全性」というのは、第7章で解説した「完全性定理」の「完全性」とは同じではない（すべてのモデルで真ではなく、素朴自然数で真なだけだから）ので、正式には「negation complete」と呼びます。対応する日本語の専門用語が見当たらないので、単に「完全性（negation complete）」と呼ぶことにしました。

　例えば、式「4×6 = 10 + 14」は素朴自然数の真なる等式で

す。実際、左辺も右辺も計算するとともに24となります。したがって、完全性（negation complete）の性質から、これをメカ自然数で表現した論理式（等式）

$$\overline{4} \times \overline{6} \mathbin{:=:} \overline{10} + \overline{14}$$

は、メカ自然数の体系で演繹することができます。

　また、式「5×5＝10＋14」は、素朴自然数では偽なる等式です。実際、左辺を計算すると25ですが、右辺を計算すれば24です。したがって、この否定型をメカ自然数で表現した論理式、

$$\overline{5} \times \overline{5} \mathbin{:\neq:} \overline{10} + \overline{14}$$

は、メカ自然数の体系で演繹できます。

　これはよくよく考えると、すさまじい性質です。私たちの認識の中で正しいような式は、すべて、6種類の公理と推論規則によって形式的に演繹できてしまう、ということを述べているからです。つまり、6種類の公理は、ある意味で自然数の足し算と掛け算の性質全体に届いている強力な公理群だ、ということになります。

　ただし、ここで勘違いしてはいけないのは、この完全性（negation complete）は決して、「素朴自然数のす・べ・て・の・定理を証明できる」、などと言ってない、という点です。例えば、ゴールドバッハ予想「すべての4以上の偶数が2つの素数の和である」を解決できるなどと主張していません。なぜなら、メ

カ自然数の記号は、量化記号∀と∃を持たないため、「偶数」や「素数」という概念を表現し得ないからです。

完全性はなぜ成り立つのか

では、メカ自然数の完全性（negation complete）はなぜ成り立つのでしょうか？　これをきちんと説明することは、非常に手間がかかる作業です。したがって、かいつまんだ解説だけでご容赦いただきます。完全性（negation complete）を確認するには、次の性質がポイントとなります。

─（補題☆）────────────────
　素朴自然数において、$n+m=k$が真なら、メカ自然数の体系で、等式$\overline{n}+\overline{m}:\doteq\overline{k}$が演繹できる。また、素朴自然数において、$n\times m=k$が真なら、メカ自然数の体系で、等式$\overline{n}\times\overline{m}:\doteq\overline{k}$が演繹できる。
────────────────────

仮にこの（補題☆）が手に入ったなら、完全性は確かに成り立つだろうと推測できます。

例えば、先ほどの

$$\overline{4}\times\overline{6}:\doteq\overline{10}+\overline{14}$$

の演繹図を得たい、としましょう。そのときは、まず、（補題

☆）から

$$\overline{4} \times \overline{6} := \overline{24},$$

と

$$\overline{10} + \overline{14} := \overline{24}$$

の演繹図を作ります。その上で、等号の演繹システムにおける対称律・推移律を使って、

$$\overline{4} \times \overline{6} := \overline{10} + \overline{14}$$

を導けば良いのです。

　問題は、（補題☆）をどうやって導けば良いか、ということです。これは、定理1や定理3などの演繹図の手順を使って、どんどん積み上げていけばできます。

　例えば、「$\overline{1} + \overline{1} := \overline{2}$」を前提とすれば、「$\overline{1} + \overline{2} := \overline{3}$」が演繹できます。実際、

$S0 + S0 := SS0$	（定理1）
$S0 + SS0 := S(S0 + S0)$	（公理M4）
$S0 + SS0 := SSS0$	（代入律）

とやれば良いです。

　このようにステップ・バイ・ステップで地道に積み上げていけば、

真なる $n + m = k$ に対応する、$\overline{n} + \overline{m} :=: \overline{k}$,

真なる $n \times m = k$ に対応する、$\overline{n} \times \overline{m} :=: \overline{k}$

に対して、演繹図を得ることができます。もちろん、数が大きくなると、めちゃくちゃ長い（でも有限の）演繹図になることは言うまでもありません。

　以上によって、メカ自然数の能力がはっきりしたことと思います。メカ自然数の体系で証明できる式は、素朴自然数において真だし、素朴自然数で真なる（かつ、メカ自然数の記号だけで表現できる）式は、必ずメカ自然数の体系で演繹できる、ということです。

　ただ、メカ自然数は、「偶数」「素数」などが表現できないので、素朴自然数と同じくらいの豊かさを持っているとはとても言えません。次章で、もう少し豊かな体系を紹介しましょう。

∀と∃を操作しよう

第10章

メカ自然数への不満点

　前章では、自然数を機械的な論理操作をするための体系であるメカ自然数を解説しました。メカ自然数は、第一に「**メカ自然数の健全性**」、第二に「**メカ自然数の完全性（negation complete）**」の2つの性質を持っていました。これが示すのは、メカ自然数で記述でき、私たちが真（正しい）と認識できる等式はすべて、メカ自然数の体系で演繹でき、偽（正しくない）と認識している等式については、その否定が演繹できる、ということです。そういう意味では、メカ自然数の体系は「**完全な体系**」と言えます。

　ただ、メカ自然数の公理は無限個あり、実態としては、自然数とその次の自然数の関係がすべての組に対して公理として投入されています。そういう意味では、「公理がたくさんありすぎる」という弱点があるでしょう。さらには、メカ自然数で使える述語記号が制限されているため、私たちが自然数について普通に知っていることでも、表現できないことがありました。例えば、「偶数・奇数」とか「素数」などの概念をメカ自然数で表現することができません。なぜかというと、「∀（すべて）」と「∃（ある）」という論理概念が導入されていないからです。また、「大小関係」についても表現することができません。それは、言うまでもないことですが、メカ自然数に不等号記号

「≦」「＜」が導入されていないからです。

　これらのことを考えると、メカ自然数の体系は、「完全性（negation complete）」というめざましい性質を備えているものの、大きな不満のある体系だと言えるでしょう。そこで本章では、この不満を解消するべく、メカ自然数をもう少し豊かな形式的体系に発展させましょう。

∀と∃の導入

　前節で述べたメカ自然数への不満を解消するために、言語の中に、**量化記号**∀と∃を導入しましょう。量化記号を使うために、メカ自然数にはなかった「**変数**」も導入します。変数には$x, y, a, b, \cdots$などの文字を使うことにします。

　量化記号をメカ自然数の体系に付け加えることは、体系をとても豊かにしてくれます。例えば、メカ自然数の公理の1つ、

公理M3　ζ＋0:＝:ζ

は、ζにメカ自然数の任意の項を代入したものの「ひと束」を表していました。例えば、

　0＋0:＝:0, S0＋0:＝:S0, S0＋SS0＋0:＝:S0＋SS0

などなど無限個の式の集まりを一気にひと束にして表現するものでした。そもそもζは、メカ自然数の記号ではないので、ζ＋0:＝:ζそのものはメカ自然数の式ではありません。ζに0、

S0、S0 + SS0などのメカ自然数の項を代入することで、初め
て、メカ自然数の公理の1つとなります。ここで、「∀」記号
を導入すれば、このような「無限個の式の束」も、たった1つ
の論理式で表現することができてしまいます。それは次の論理
式です。

$$\forall x(x + 0 \mathrel{:=:} x)$$

この論理式の主張は、「すべてのxについて、$x + 0 \mathrel{:=:} x$が成り
立つ」です。すべてのxについて成り立つのだから、特に、x
を0とすれば、$0 + 0 \mathrel{:=:} 0$が成り立つことを、xをS0とすれば、
$S0 + 0 \mathrel{:=:} S0$が成り立つことを、xを S0 + SS0とすれば、S0 +
SS0 + 0 $\mathrel{:=:}$ S0 + SS0が成り立つことを意味します。つまり、ζ
$+ 0 \mathrel{:=:} \zeta$のζにさまざまな項を代入してできる公理たちを、
$\forall x(x + 0 \mathrel{:=:} x)$ という論理式1つで表すことができるわけで
す。これは非常に便利です。

　もう1つの量化記号「∃」の導入の意義を説明しましょう。
例えば、次のような論理式を作り出すことができます。

$$\exists x(x \times SS0 \mathrel{:=:} SSSS0) \quad (\exists x(x \times \overline{2} \mathrel{:=:} \overline{4}) \text{ のこと})$$

$\exists x$は、「あるx」という意味ですから、この論理式の主張は、

　　　　「あるxについて、$x \times 2 \mathrel{:=:} 4$が成り立つ」

あるいは、

　　　　「$x \times 2 \mathrel{:=:} 4$が成り立つ$x$が存在する」

ということです。「何かの2倍であること」が「偶数であるこ

と」の定義だから、これは「4が偶数であること」を表していると解釈できます。したがって、条件「yが偶数である」は、

$$\exists x(x \times SS0 \mathbin{:=:} y)$$

と表すことができます。このように、量化記号を使えば、私たちが普段、数学で扱っている自然数の性質は、すべて表現することができます。

メカ自然数 Q

　メカ自然数に量化記号を導入して、新しい自然数の体系を作ります。それを、「メカ自然数Q」と名付けます。これは、ロビンソンという数学者が1950年に発表し、数理論理学や数学基礎論の教科書では「ロビンソンのQ」とか「ロビンソン算術（Robinson Arithmetic）」などと呼ばれているものです。

　メカ自然数Qの公理は次の7個となります。

公理Q1　　$\forall x(Sx \mathbin{:\neq:} 0)$

公理Q2　　$\forall x \forall y(Sx \mathbin{:=:} Sy \rightarrow x \mathbin{:=:} y)$

公理Q3　　$\forall x(x \mathbin{:\neq:} 0 \rightarrow \exists y(x \mathbin{:=:} Sy))$

公理Q4　　$\forall x(x+0 \mathbin{:=:} x)$

公理Q5　　$\forall x \forall y(x+Sy \mathbin{:=:} S(x+y))$

公理Q6　　$\forall x(x \times 0 \mathbin{:=:} 0)$

公理Q7　　$\forall x \forall y (x \times \mathrm{S}y := (x \times y) + x)$

　この7つの公理のうち、公理Q3を除けば、他はすべて、メカ自然数の公理を量化記号∀で書き直したものに過ぎません。しかし、念のため、すべての公理について、日常語への翻訳を書いておきます。

Q1：「xの次の数は0ではない、がすべてのxについて成り立つ」
Q2：「（xの次の数）と（yの次の数）が等しいならxとyは等しいということが、すべてのx、すべてのyについて成り立つ」
Q3：「xが0でないならば、あるyが存在して、xは（yの次）である、ということがすべてのxについて成り立つ」
Q4：「xに0を足すとxである、がすべてのxについて成り立つ」
Q5：「xに（yの次）を足すと$x+y$の次となる、ということが、すべてのx、すべてのyについて成り立つ」
Q6：「xに0を掛けると0になる、がすべてのxについて成り立つ」
Q7：「xに（yの次）を掛けると$x \times y + x$となることが、すべてのx、すべてのyについて成り立つ」

中では、Q3は特徴的と言えます。論理式の中に∀と∃の両方が入っているからです。この公理の意義は次のようなことです。公理Q1は、「0は何者の次でもない」を表しています。しかし、この公理だけでは、「何者の次でもない」という性質を

持つ他の自然数があるのかないのかわかりません。公理Q3は、この問いに答えるものです。すなわち、「他の自然数はみな、何者かの次である」を認めるものなのです。

　以上の7つの公理を、素朴自然数で解釈すれば、すべて真なのは明らかでしょう。

　メカ自然数Qの推論規則（演繹図で行うことができる操作）は何でしょうか。それは、2種類を除いて、メカ自然数の推論規則と同じです。つまり、等号の演繹システムの推論規則と命題論理の自然演繹です。新しい2種類とは、∀に関する推論規則と∃に関する推論規則です。これらについては、具体例の中で解説します。

推論規則［∀除去］は、
　　具体的な式を生みだす

　まず、∀の推論規則を紹介しましょう。それは2つあり、第一は［∀除去］、第二は［∀導入］です。この節では、前者を解説します。

［∀除去］

$\forall x \varphi(x)$（ただし、$\varphi(x)$は変数xを含んだ等式または論理式）が演繹図にあったら、xを任意の項tに置き換えた$\varphi(t)$をつな

ぎ置いて良い。

これは、「すべてのxについて、φ(x)」に対応する論理式 ∀x φ(x) が、演繹図に現れている場合、φ(x)の中のxをどんな具体的な項tに入れ替えた式φ(t)をつなぎ置いても良い、と言っています。具体例をやってみましょう。

---（定理）---
SSS0 :≠: 0　（3̄ :≠: 0 のこと）

演繹は簡単で以下のようになります。

---（演繹図）---
1. ∀x(Sx :≠: 0)　（公理 Q1）
　　　　　　　　　　[公理 Q1 を置いた]
2. SSS0 :≠: 0　　（1, ∀除去）
（演繹終わり）　　　[1.の変数xに項 SS0 を代入した]

もう1つやってみます。

---（定理）---
S0 × SSS0 :=: (S0 × SS0) + S0　（1̄ × 3̄ :=: (1̄ × 2̄) + 1̄ のこと）

これも簡単です。

（演繹図）

1. $\forall x \forall y (x \times Sy := (x \times y) + x)$ （公理 Q7）

   [公理 Q7 を置いた]

2. $S0 \times SSS0 := (S0 \times SS0) + S0$ （1, $\forall$ 除去）

   [1. の x に $S0$ を y に $SS0$ を代入した]

   （証明終わり）

さて、この「$\forall$除去」という推論規則があれば、前回まで講義してきたメカ自然数の公理のスキーマM1〜M6が生み出す無限個の公理は、すべてメカ自然数Qで導出できることがわかるでしょう。そうすると、メカ自然数の体系で演繹できる論理式は、すべて、メカ自然数Qで演繹できることがわかります。したがって、メカ自然数Qはメカ自然数よりも強い演繹能力を持っており、より豊かな体系だということになります。

推論規則「∀導入」は、
　　　文字式による証明と同じ

次に解説するのは、$\forall x$（何かの式）、という形式の論理式を演繹するための推論規則です。それは、「$\forall$導入」と呼ばれます。

（∀導入）

$\varphi(x)$（ただし、$\varphi(x)$は変数xを含んだ等式または論理式）に対して、式$\varphi(x)$中のxをすべて変数uに置き換えた式$\varphi(u)$が演繹図に現れれば、$\forall x \varphi(x)$をつなぎ置いて良い。

直観的に言えば、「一般的な変数uで表された論理式が導ければ、uをxに代えて、$\forall x(\cdots)$ をつなぎ置いて良い」というものです。ここで、専門的には変数uに課せられる条件（「束縛されていない」、という条件）を説明する必要があるのですが、本書ではあまり重要なことではないので、無視することとします（詳しくは参考文献［10］を参照のこと）。

　この推論規則は、平たく言うと、中高生が「文字式を使った証明」として教わることに他なりません。以下、そのことを具体例でお見せしましょう。

問題　任意の2つの奇数の和は偶数であることを証明せよ。

この問題では、$1+3=4$とか、$5+7=12$とか、個々の具体例をあげつらっても証明にはなりません。なぜなら、奇数は無限個あるので、調べ尽くすことができないからです。そこで、役に立つのが、「文字式を使った計算」ということになります。文字式は、無限個の奇数を1つの式で代表できるのです。中高生

が教わる「文字式を使った証明」は、次のようなものです。

（証明）

一方の奇数を $2m+1$（ただし、m は整数）と表し、他方の奇数を $2n+1$（ただし、n は整数）と表す。このとき、これらの2数の和は、$(2m+1)+(2n+1)=2(m+n+1)$、となり、右辺は偶数である。したがって、任意の2つの奇数の和は偶数である。（証明終わり）

　この証明の本質は、$2m+1$ という文字式を出すことで、「任意の奇数」というものを抽象的に表現できていることです。また、$2n+1$ を出すことで、$2m+1$ とは異なる奇数（同じでも良い）を抽象的に表していることです。このような「任意の」奇数についての計算をいっぺんにやってしまうことができます。数学の証明の本質の一端はここにあります。「∀導入」は、このことを形式化する推論規則だ、ということです。

　それでは、この「∀導入」のメカ自然数Qでの使い方を説明しましょう。非常に簡単な例として、次の定理を演繹します。

（定理）

$\forall x(x + SS0 \mathrel{:=:} SSx)$　（$\forall x(x + \overline{2} \mathrel{:=:} SSx)$ のこと）

これは、素朴自然数で解釈すれば、「すべてのxに対して、xに2を加えると、xの次の次の数になる」という、ごく当たり前の内容を持つものです。しかし、ごく当たり前の内容だと言っても、それは私たちの頭の中にある「感覚」でしかないわけで、それを限られたルール（7個の公理）から演繹できる、ということは重要なことだと言えます。それでは、演繹図を作ってみます。

（演繹図）

1. $\forall x \forall y (x + Sy := S(x+y))$ （Q5）

　　　　　　　　[公理Q5を置いた]

2. $u + SS0 := S(u + S0)$ （1, $\forall$除去）

　　　　　　　　[$\forall$除去で1.のxに項uを、yに項S0を代入]

3. $u + S0 := S(u + 0)$ （1, $\forall$除去）

　　　　　　　　[$\forall$除去で1.のxに項uを、yに項0を代入]

4. $\forall x (x + 0 := x)$ （Q4）

　　　　　　　　[公理Q4を置いた]

5. $u + 0 := u$ （4, $\forall$除去）

　　　　　　　　[$\forall$除去で4.のxに項uを代入]

6. $u + S0 := Su$ （3, 5, EQ）

　　　　　　　　[3.の右辺のカッコの中に5.の右辺を代入]

7. $u + SS0 := SSu$ （2, 6, EQ）

　　　　　　　　[2.の右辺に6.の右辺を代入]

> 8. $\forall x(x + SS0 \mathrel{\vdots}=\mathrel{\vdots} SSx)$ （7, $\forall$導入）
>
> （証明終わり） ［$\forall$導入を用いて、7.の変数uを変数xに代え、外側に$\forall x$を付加した］

　以上で証明が完了しました。慣れないと、何がなされているのか理解しにくいと思いますから、各ステップを丁寧に解説することとしましょう。

　ステップ1.は、公理Q5を持ってきただけです。ステップ2.は、ステップ1.の論理式のカッコの中の式のxに項u（変数u）を、yに項S0を代入しています。これは、「$\forall$除去」の推論規則を用いています。同様にして、ステップ3.では、ステップ1.の論理式のカッコの中の式のxに項u（変数u）を、yに項0を代入しています。ステップ4.は、公理Q4を持ってきています。ステップ5.は、ステップ4.の論理式のカッコの中の式のxに項uを代入しています。ステップ6.は、ステップ3.の右辺をカッコの中をステップ5.の右辺に置き換えています。これは、「等号の推論規則（EQ）」のうちの代入律を用いています。ステップ7.は、ステップ2.の右辺をステップ6.の右辺に置き換えています。これも「等号の推論規則（EQ）」の代入律です。最後のステップ8.は、ステップ7.に対して、推論規則「$\forall$導入」を使っています。すなわち、ステップ7.は、一般的な変数uの文字式として現れているので、$\forall x(\quad)$ という形式に書き換えて、つなぎ置くことができる、ということです。

要するに、一般的な自然数を代表する変数uを導入して、「任意の」自然数に関する計算を抽象的に実行し、「任意の」自然数に対する7.の式を得たことから、$\forall x(\cdots)$ というタイプの論理式を導いた、というわけです。やっていることは、先ほどの、「文字式による証明」と同じです。

推論規則［∃導入］は、
　　単に「存在するよ」を見せるだけ

　次に量化記号∃（ある）のほうの推論規則を説明しましょう。これについても2種類あり、第一は「∃導入」、第二は「∃除去」です。ここではまず、前者の説明をしましょう。

（∃導入）

$\varphi(x)$（ただし、$\varphi(x)$は変数xを含んだ等式または論理式）に対して、式$\varphi(x)$中のxをすべて項tに置き換えた式$\varphi(t)$ が演繹図に現れれば、論理式

$$\exists x\,\varphi(x)$$

をつなぎ置いて良い。

これは端的に言えば、「その具体例を見せれば、その存在は証明される」ということにすぎません。例えば、「偶数の素数は

存在する」ということを証明したいなら、「2がそうですよ」と具体例を見せれば良い、ということです。

　この推論規則のメカ自然数Qでの使い方をお見せしましょう。演繹するのは、次の定理です。

（定理）

$\exists x(SS0 + x \mathrel{\vcenter{:}}= SS0)$　（$\exists x(\overline{2} + x \mathrel{\vcenter{:}}= \overline{2})$ のこと）

これは、素朴自然数で解釈すれば、「2に加えると2となるような自然数が存在する」ということですから、「0がそれです」と答えれば演繹になります。やってみましょう。

（演繹図）

1. $\forall x(x + 0 \mathrel{\vcenter{:}}= x)$　（Q4）
　　　　　　　　　[公理Q4を置いた]

2. $SS0 + 0 \mathrel{\vcenter{:}}= SS0$　（1, $\forall$除去）
　　　　　　　　　[1.のxにSS0を代入した]

3. $\exists x(SS0 + x \mathrel{\vcenter{:}}= SS0)$　（2, $\exists$導入）
（演繹終わり）　　　　　[2.の0をxと設定して、$\exists$導入を用いた]

「存在する何か」を何かのまま操作する

∃に関するもう1つの推論規則は、「∃除去」という規則です。それは、以下のような推論規則となっています。

[∃除去]

$\varphi(x)$（ただし、$\varphi(x)$は変数xを含んだ等式または論理式）に対して、

(1) 項tに対する論理式$\varphi(t)$を仮定すると論理式Cが演繹される

(2) 演繹図中に$\exists x\varphi(x)$が現れる

の2つが満たされるならば、論理式Cをつなぎ置いて、仮定$\varphi(t)$を解消して良い。

この推論規則にも、変数xや項tに課されるデリケートな条件があるのですが、本書ではあまり重要ではないので、無視することとします（詳しくは参考文献［10］を参照のこと）。

この推論規則を言い換えると、「ある何かの存在が保証されていて、その何かを文字で書いた式を出発点として演繹を行うと論理式Cが導けるなら、単にCを導いて良い」ということです。誤解を恐れずに、もっと柔らかく表現すると、「何かが存在することがわかっているなら、その何かを具体的にはわから

ないままで操作し導ける結論は、最初から成り立つと考えて良い」という感じです。

　これは、数学の証明の中によく現れる技法なのですが、けっこう、高度な数学の中とか背理法の中で用いられることが多いので、読者の中には目にしたことがない人もおられるでしょう。ですから、ここでは数学の中に出てくる典型的な例をお見せしないで、メカ自然数Qの中での使い方だけを紹介することとします。最後の章で使われることになる次の定理です。

（定理）

U(y)をyを変数とする論理式とする。このとき、論理式 $\exists y(y=\overline{3} \wedge U(y))$ から、論理式 U($\overline{3}$) を演繹できる。また、逆に、U($\overline{3}$) から $\exists y(y=\overline{3} \wedge U(y))$ を演繹できる。

これは、「代入の原理」とでも呼ぶべきものです。すなわち、$\exists y(y=\overline{3} \wedge U(y))$ という論理式が演繹図にあれば、U(y)の変数yに数$\overline{3}$を代入した論理式U($\overline{3}$)を演繹できるし、その逆もまた可能、というわけです。ここでは具体化のために、数$\overline{3}$としていますが、一般的に成り立ちます。次が前半部の演繹図です。

┌─（演繹図）─────────────────────────
│
│ 1^*. $(t :\!= \bar{3}) \wedge U(t)$ （仮定①　あとで解消される）
│ 　　　　　　　　[前提の式のyをtとした式を仮定]
│
│ 2. $t :\!= \bar{3}$ $(1^*, \wedge$除去$)$
│ 　　　　　　　　[1^*.に[$\wedge$除去]を用いて導いている]
│
│ 3. $U(t)$ $(1^*, \wedge$除去$)$
│ 　　　　　　　　[1^*.に[$\wedge$除去]を用いて導いている]
│
│ 4. $U(\bar{3})$ $(2, 3, EQ)$
│ 　　　　　　　　[2.と3.でtが共通だから代入律を用いている]
│
│ 5. $\exists y(y :\!= \bar{3} \wedge U(y))$ （仮定②　解消されない仮定）
│ 　　　　　　　　[定理の前提の式を持ってくる]
│
│ 6. $U(\bar{3})$ $(1^* \sim 4, 5, \exists$除去$)$
│ 　　　　　　　　[1^*.から4.と、5.とで、[$\exists$除去]を用い、仮定①を解消]
│
│ （演繹終わり）
└─────────────────────────────────

　要するに、特定の項tについての1.の式を仮定すれば、$U(\bar{3})$ が演繹できるので、そういうtの存在を保証する$\exists y(y = \bar{3} \wedge U(y))$があれば、1.の式を仮定せずに、$U(\bar{3})$ が演繹できる、ということにすぎません。

　次に後半部をやってみましょう。演繹図は以下です。

```
─（演繹図）────────────────────────────────
  1. U(3̄)                    （仮定　解消されない仮定）

  2. 3̄ :=: 3̄                 （等号の公理）

  3. (3̄ :=: 3̄)∧U(3̄)        （1, 2, ∧導入）

  4. ∃y(y :=: 3̄∧U(y))      （3, ∃導入）
                              ［3.の1番目の3̄と3番目の3̄を文字yとし
  （演繹終わり）               て∃導入を適用している］
───────────────────────────────────────
```

大小関係を意味する論理式

　メカ自然数Qは、∀と∃を備えた述語論理であるため、表現能力がぐっと高まっています。例えば、言語としては導入されていない大小関係「≦」を、その記号なしに表現することが可能です。

　具体例として、「1≦2」を意味する論理式は、

$$\exists x(S0 + x :=: S00)$$

というものです。実際、これは素朴自然数で解釈すると、「1にxを加えると2となるようなxが存在する」ということです。ここでxは自然数ですから、これは明らかに「2が1以上である」ことを表しています。

　メカ自然数Qにおける$\bar{n}, \bar{m}$に関する論理式

$$\exists x(\bar{n} + x :=: \bar{m})$$

を、述語論理式として、$\leqq(\overline{n}, \overline{m})$、と記述することにしましょう。このとき、次のことが成り立ちます。

定理（大小関係のメカ表現定理）

自然数 n, m が $n \leqq m$ を満たすとき、また、そのときに限り、$\leqq(\overline{n}, \overline{m})$ を素朴自然数で解釈した論理式は真となる。

この事実を、「メカ自然数 Q において、論理式 $\leqq(\overline{n}, \overline{m})$ は、素朴自然数の大小関係 $n \leqq m$ をメカ表現する」と呼ぶことにします。

これは非常に当たり前です。論理式 $\leqq(\overline{n}, \overline{m})$ の定義は、$\exists x(\overline{n} + x \fallingdotseq \overline{m})$ でした。これを素朴自然数で解釈すると、「n に x を加えると m になるような x が存在する」ということですから、これが真であるならば、$n \leqq m$ が成り立ちます。逆に、$n \leqq m$ が成り立つならば、「n に x を加えると m になるような x が存在する」ことは明らかですから、論理式 $\leqq(\overline{n}, \overline{m})$ の素朴自然数での解釈は真となります。大小関係をメカ表現する論理式は、もっと強い次の性質を持っています。

> ┌─ 定理（大小関係のメカ捕捉定理）─────────
>
> 自然数 n, m が $n \leqq m$ を満たすとき、また、そのときに限り、$\leqq (\overline{n}, \overline{m})$ はメカ自然数 Q の体系で演繹できる。

　この事実を、「メカ自然数 Q において、論理式 $\leqq (\overline{n}, \overline{m})$ は、素朴自然数の大小関係 $n \leqq m$ をメカ捕捉する」と呼ぶことにします。これはかなり強い性質だと言って良いです。大小関係を意味する述語論理式 $\leqq (\overline{n}, \overline{m})$ は、$n \leqq m$ ならば素朴自然数で解釈して真となるだけではなく、メカ自然数 Q で演繹できる、というわけです。つまり、素朴自然数における大小関係が、メカ自然数 Q において特殊な論理式を演繹できるかできないか、と完全に対応している、というわけなのです。このことを示すのは難しくはありません。

　例えば、$n = 1, m = 3$ の場合で考えてみましょう。$1 \leqq 3$ ですから、素朴自然数において、$1 + x = 3$ となる x が存在することは明らかです。実際、$x = 2$ がそれにあたります。そこで、$1 + 2 = 3$ という式が成り立ちます。メカ自然数の完全性（negation complete）から、論理式、$\overline{1} + \overline{2} = \overline{3}$ が証明できます。当然、メカ自然数 Q でも証明できます。すると、この式から、$\exists x (\overline{1} + x = \overline{3})$ が導出できます（[∃導入]）。よって、$\leqq (\overline{1}, \overline{3})$ がメカ自然数 Q で演繹されたことになります。

　ちなみに、ここで、メカ表現の「**表現**」は、「express」を翻

訳したもので、メカ捕捉の「捕捉」は、「capture」を翻訳したものです。このexpressやcaptureは、参考文献［11］に使われている用語です。日本語だと混乱が起こりそうなので、本書では「メカ」という言葉を付け加えました。この「**メカ捕捉**」という性質は、ゲーデルの不完全性定理で、非常に重要な役割を果たします。このことについては、最後の章で触れます。

数学的帰納法とはどんな原理か

第11章

メカ自然数とメカ自然数 Q

　前章では、メカ自然数 Q について解説しました。それは、量化記号 ∀ と ∃ を備え、述語論理を展開できる演繹システムでした。

　メカ自然数 Q は、メカ自然数の公理をすべて演繹することができるので、メカ自然数で演繹できる論理式はすべて演繹できます。メカ自然数では、素朴自然数（私たちの認識の中の自然数）で正しいような等式はすべて演繹できました。例えば、素朴自然数では、$2+3=5$、は真なる等式ですから、それに対応するメカ自然数の等式、$\overline{2}+\overline{3} := \overline{5}$、はメカ自然数の演繹システムで演繹できます。したがって、メカ自然数 Q でも演繹できます。さらに、メカ自然数 Q では、量化記号 ∀ が入った論理式や量化記号 ∃ の入った式も演繹できました。例えば、「x に 2 を加えると x の次の次の数となる、ということがすべての x に対して成り立つ」という意味を持つ論理式

$$\forall x (x + SS0 := SSx) \quad (\forall x (x + \overline{2} := SSx) \text{ のこと})$$

が演繹できました。

　このようにメカ自然数 Q は、メカ自然数よりもずっと豊かな論理式を演繹できる演繹システムだとわかりました。それでは、メカ自然数の持っていた「完全性（negation complete）」という性質を、メカ自然数 Q も備えているでしょうか？　実

は、残念ながら、成立しないのです。

　実際、素朴自然数では真なのに、メカ自然数Qの演繹システムでは演繹できない論理式として、次の論理式があります。

$$\forall x (0 + x \mathrel{\vcenter{:}}= x) \cdots (☆)$$

これは、素朴自然数で解釈すると、「0にxを加えるとxになる、ということが、すべてのxについて成り立つ」ということです。これが、私たちの認識の中にある素朴自然数では真であることは、考えるまでもないでしょう。なんと、この論理式が、メカ自然数Qではどうやっても演繹できない、というのです！

　この事実について、いくつか、観察点を列挙してみます。

（観察点その1）　メカ自然数では論理式（☆）は演繹できない。

　これは明らかなことで、メカ自然数がいくら完全性（negation complete）を備えているからと言って、この論理式は演繹できません。なぜなら、メカ自然数は量化記号$\forall$を備えていないから、そもそもそんな論理式を生み出せないのです。

（観察点その2）　$\forall x (x + 0 \mathrel{\vcenter{:}}= x)$ なら演繹できる。

　0とxの順番を入れ替えた、$\forall x (x + 0 \mathrel{\vcenter{:}}= x)$、なら演繹できます。これはメカ自然数Qの公理Q4だから、そのまま演繹図に置けば良いだけです。

　しかし、メカ自然数Qには、加法の交換法則は導入されてい

ないので、$\forall x(x+0 \mathop{:=:} x)$ から論理式（☆）を直接演繹することはできません。さらに言うなら、論理式（☆）がメカ自然数 Q では演繹不可能であることから、メカ自然数 Q においては加法の交換法則「$x+y$ と $y+x$ は等しい、ということがすべての x とすべての y について成り立つ」を意味する、

$$\forall x \forall y(x+y \mathop{:=:} y+x)$$

も演繹できないことがわかります。

（観察点その3）　具体的な数 x に対して、$0+x \mathop{:=:} x$ という式を
　　　　　　　　　個別に演繹することならできる。

つまり、個別の、任意の自然数 k について、論理式

$$0+\overline{k} \mathop{:=:} \overline{k}$$

という論理式たちなら演繹できる、ということです。具体的に書けば、

$$0+0 \mathop{:=:} 0, \ 0+\overline{1} \mathop{:=:} \overline{1}, \ 0+\overline{2} \mathop{:=:} \overline{2}, \ 0+\overline{3} \mathop{:=:} \overline{3}, \cdots$$

は、メカ自然数 Q の演繹システムで「個々には演繹できる」ということです。どうしてか、というと、任意の自然数 k について、素朴自然数では $0+k=k$ は真です。したがって、メカ自然数の完全性（negation complete）から、これに対応する論理式、$0+\overline{k}=\overline{k}$、はメカ自然数の演繹システムで演繹できます。それゆえ、メカ自然数 Q でも演繹できるのです。

「任意」と「すべて」は同じじゃない！

　以上の観察点の中で、とりわけ（観察点その3）は、多くの読者にとって衝撃的だったに違いないと思います。実際、これを知ったときは、筆者は大きな衝撃を受けました。なぜなら、これが意味するのは、

「任意の自然数kについては、$0+\overline{k}:=:\overline{k}$、という論理式が個別に演繹できるのに、論理式$\forall x(0+x:=:x)$自体は演繹できない」

ということだからです。私たちの頭を混乱させるのは、次のような疑問が浮かぶからです。

「論理式$\forall x(0+x:=:x)$は"すべてのxに対して$0+x:=:x$"ということであり、それは取りも直さず、$0+0:=:0$とか$0+\overline{1}:=:\overline{1}$とか$0+\overline{2}:=:\overline{2}$とか、…が、すべての自然数$k$について成り立つことではないのか？」

しかし、事実を素直に受け取るなら、「そうではない」ということになります。意味の世界（素朴自然数）では、確かにその通りですが、形式の世界では$\forall x\varphi(x)$という論理式と、$\varphi(0)$、$\varphi(\overline{1})$、$\varphi(\overline{2})$、…は区別されるのです。すなわち、形式の世界では

「『任意の自然数について個別に～』と、『すべての自然数について～』とは違う」

ということなのです。「任意」と「すべて」は違うわけです。

　このように、論理学の形式的体系においては、「任意」と「すべて」にはズレがある、ということがわかりました。ここに、「形式」の世界と「意味」の世界の違いが如実に現れるのです。「意味」の世界（素朴自然数の世界）では、その定義から「任意」と「すべて」は一致しています。他方、「形式」の世界（メカ自然数Qの演繹システム）では、「任意」と「すべて」は一致しないのです。

　さて、問題は論理式（☆）がなぜ演繹できないか、ということですが、「演繹できない」という証明（メタ証明）は後回しにします。なぜなら、まず、これはかなり奇抜な証明（メタ証明）だからです。

　メカ自然数Qは、このように、自然数を操作する体系としては大きな不満のある体系だとわかりました。メカ自然数Qも、私たちの認識の中の自然数と相当に隔たりがあります。これを解消するためには、数学的帰納法の原理というものを導入する必要があるのです。

数学的帰納法とはどんな原理か

　メカ自然数Qのこのような難点を解消するため、メカ自然数Pという演繹システムを導入することとなるのですが、それに先駆けて、数学的帰納法の原理について解説します。

（数学的帰納法の原理）

性質Sについて、

(i)　自然数0が性質Sを満たす。

(ii)　任意の自然数kについて、kが性質Sを満たすならば$k+1$も性質Sを満たす。

このとき、すべての自然数は性質Sを満たす。

数学的帰納法の原理は、よく「ドミノ倒しの原理」に例えられます。つまり、(i) は「最初のドミノが倒れること」、(ii) は「どのドミノも、手前のドミノが倒れることで連鎖して倒れること」を表し、(i)(ii) が成り立てば「すべてのドミノが倒れる」ことがわかる、という原理なわけです。このようにイメージすれば、この原理が成り立つことがなんとなく納得できるでしょう。

　この原理の使い方を見るために、典型的な高校数学の問題をやってみます。（ただし、ここだけ特別に、自然数は1以上の

数として扱います)。

(**問題**) すべての自然数 $n(\geqq 1)$ について、以下の等式が成り立つことを証明せよ。

$$1 + 2 + 3 + \cdots + n = \frac{n(n+1)}{2}$$

(**解答**) n に関する数学的帰納法で証明する。

(i) $n = 1$ のとき、…(最初のドミノの設置)

$$左辺 = 1, \qquad 右辺 = \frac{n(n+1)}{2} = \frac{1 \times 2}{2} = 1$$

より、左辺 = 右辺、が成立する。

(ii) $n = k$ のとき等式が成立することを仮定する。

　　…(k 番目のドミノが倒れることの仮定)

　この仮定より、

$$1 + 2 + 3 + \cdots + k = \frac{k(k+1)}{2}$$

が成立する。この等式の両辺に、$(k+1)$ を加える。

$$1 + 2 + 3 + \cdots + k + (k+1) = \frac{k(k+1)}{2} + (k+1)$$

この右辺は次のように計算される。

$$（右辺）= \frac{k(k+1)}{2} + (k+1) = (k+1)\left(\frac{k}{2}+1\right)$$

$$= (k+1)\frac{k+2}{2} = \frac{(k+1)(k+2)}{2}$$

したがって、

$$1+2+3+\cdots+k+(k+1) = \frac{(k+1)(k+2)}{2} \qquad \cdots(k+1\text{番目の} \text{ドミノが倒れた})$$

が成り立ち、これは$n=k+1$の場合の等式である。

　以上の（i）（ii）より、数学的帰納法から、すべての自然数nに関して証明された。　　　　　　　　　　　　　（証明終わり）

　このように、数学的帰納法は「1で成立」を具体的に示し、次に「kで成立なら$k+1$で成立」を抽象的に示すことで、全自然数で成立することを示す技術です。やり方を理解してしまえば、これほど強力な証明法はありません。実際、高校数学だけでなく、プロが研究する高度な数学においても頻出する証明法なのです。

　この数学的帰納法は、なぜ正しい原理なのでしょうか。直観的にはドミノ倒しの例えで理解できますが、それは単なる例え話に過ぎません。実際、自然数は無限個ありますから、例え話だけでは無限個の自然数すべてについて成立するかどうか確信は持てません。前にも登場したイギリスの数学者ラッセル（205ページ）は、この原理について、次のように述べていま

す（参考文献［18］）。

　昔は、証明の中に使われる数学的帰納法を、何か神秘的なものように考えていた。もちろんこの方法の妥当性について、合理的な疑問を提出した者も、またなぜそれが妥当であるかを知っていた者もなかったようであった。ある者は、それを論理学における帰納法の一つの例であると考えていたし、ポアンカレでさえも、それは無限個の三段論法を一回の結論にまとめる重要な原理であると考えていた。

　つまり、19世紀の前半ぐらいまでは、数学的帰納法の原理は、ある種の「魔法の論法」であると考えられていたようなのです。それに対して、ペアノは、数学的帰納法の原理を「自然数の本性」の1つと捉えたのです。言い換えるなら、この原理が成り立つ数の体系を自然数と捉えよう、ということです。

　これは、序章16ページで問題提起した「数学的帰納法はなぜ正しいのだろう」に対する解答となっています。すなわち、「自然数とは、この原理が成り立つような存在と決めたから」です。

数学的帰納法を備えたメカ自然数 P

　自然数というものが数学的帰納法を装備する数だとするペア

ノの理解を前提とするなら、メカ自然数Qに数学的帰納法を導入した新しい演繹システムを作り出すのが自然な流れでしょう。それが、「**メカ自然数P**」です。これは通常、「**PA**」とか「ペアノ算術（Peano Arithmetic）」と呼ばれますが、本書ではメカ自然数Pと名付けます。

　メカ自然数Pは、メカ自然数Qの公理（公理Q1〜公理Q7）に、次の公理を付け加えた演繹システムです。

公理Ind

$$\{\varphi(0) \wedge \forall x(\varphi(x) \rightarrow \varphi(Sx))\} \rightarrow \forall x \varphi(x)$$

ここで、$\varphi(x)$ は x を変数に持った任意の論理式です。この論理式を段階的に、読み解いてみましょう。

$\varphi(0)$：「$\varphi(x)$ の x に 0 を代入した論理式」
（0 は述語 φ を満たすことを意味する）

$\varphi(Sx)$：「$\varphi(x)$ の x に（x の次）を意味する Sx を代入した論理式」
（「x の次の数」が述語 φ を満たすことを意味する）

$\forall x(\varphi(x) \rightarrow \varphi(Sx))$：「$\varphi(x)$ ならば $\varphi(x$ の次$)$、ということが
　　　　　　　　　　　　　　すべての x について成り立つ」

$\{\varphi(0) \wedge \forall x(\varphi(x) \rightarrow \varphi(Sx))\} \rightarrow \forall x \varphi(x)$：

「$\varphi(0)$ が成り立ち、かつ、$\forall x(\varphi(x) \rightarrow \varphi(x$ の次$))$ が成り立つなら、$\forall x \varphi(x)$ が成り立つ」

ここで、$\varphi(0)$は数学的帰納法の原理の（i）に対応し、$\forall x(\varphi(x) \to \varphi(Sx))$ は数学的帰納法の原理の（ii）に対応します。これらから、$\forall x\varphi(x)$が導出される、ということなので、公理Indはまさに数学的帰納法の原理を1つの論理式として書き下したものというわけです。

ここで注意すべきことが1つあります。

公理Indにおける論理式$\varphi(x)$は、メカ自然数Qの言語で記述できるものであり、それら個々の具体的な論理式を公理Indの$\varphi(x)$に当てはめたものの全体が、公理Indとなります。つまり、公理Indは、これ1つで公理を表しているわけではなく、無限個の公理を束ねたもので、224ページでも説明した「スキーマ」にあたるものです。

例えば、$\varphi(x)$を論理式$0+x\mathrel{\dot{:}=\!\dot{:}}x$と設定すれば、公理Indは、

公理

$\{(0+0\mathrel{\dot{:}=\!\dot{:}}0)\land\forall x((0+x\mathrel{\dot{:}=\!\dot{:}}x)\to(0+Sx\mathrel{\dot{:}=\!\dot{:}}Sx))\}$
$\to\forall x(0+x\mathrel{\dot{:}=\!\dot{:}}x)$

のようになります。このような個々の論理式を当てはめて作った無限個の公理群を束ねてスキーマとして記したものが、公理Indというわけなのです。

メカ自然数Pにおける証明を見てみよう

　それでは、メカ自然数Pにおいて、数学的帰納法を用いる演繹を見てみましょう。それには、次の論理式の演繹図を見てもらうのが一番でしょう。

（定理）

$\forall x(0+x \mathrel{:=:} x)$ $\cdots (\stackrel{\wedge}{\times})$

この論理式は、前のほうの節で、メカ自然数Qでは演繹できないということを説明しました（その理由は後回しになっていますが）。この論理式（☆）は、メカ自然数Qでは「演繹できない」のですが、メカ自然数Pでは「演繹できる」のです。

　以下、この論理式（☆）の演繹図を提示しますが、その前に、導き方を言葉で書いておきましょう。

ステップ1：0＋0:=:0を公理から演繹する。
ステップ2：一般の変数uに対して

$$(0+u \mathrel{:=:} u) \rightarrow (0+Su \mathrel{:=:} Su)$$

を演繹する。そのためには、0＋u:=:uをいったん仮定して、それから公理を使って、0＋Su:=:Suを導き、そして、［→導入］を使って、

$$(0+u \mathrel{:=} u) \to (0+Su \mathrel{:=} Su)$$

を導き、仮定$0+u \mathrel{:=} u$を解消すればいい。

ステップ3：ステップ2から、[∀導入] を使って、論理式

$$\forall x((0+x \mathrel{:=} x) \to (0+Sx \mathrel{:=} Sx))$$

を導く。

ステップ4：ステップ1とステップ3から、[∧導入] を使って、論理式

$$(0+0 \mathrel{:=} 0) \land \forall x((0+x \mathrel{:=} x) \to (0+Sx \mathrel{:=} Sx))$$

を導出する。

ステップ5：公理Indの1つ、

$$\{(0+0 \mathrel{:=} 0) \land \forall x((0+x \mathrel{:=} x) \to (0+Sx \mathrel{:=} Sx))\}$$
$$\to \forall x(0+x \mathrel{:=} x)$$

を持ってくる。

ステップ6：ステップ4とステップ5から、[→除去] を用いて、$\forall x(0+x \mathrel{:=} x)$を導く。

　以上のステップが飲み込めてしまった人は、演繹図を見る必要もないとは思いますが、ちゃんと記述してみると、次のようになります。

┌─（演繹図）────────────────────────────────

1. $\forall x(x+0:=:x)$　（公理Q4）

2. $0+0:=:0$　（1, $\forall$除去）

3*. $0+u:=:u$　（仮定①, あとで解消する）

4. $\forall x\forall y(x+\mathrm{S}y:=:\mathrm{S}(x+y))$　（公理Q5）

5. $0+\mathrm{S}u:=:\mathrm{S}(0+u)$　（4, $\forall$除去）

6. $0+\mathrm{S}u:=:\mathrm{S}u$　（3, 5, EQ）

7. $(0+u:=:u)\to(0+\mathrm{S}u:=:\mathrm{S}u)$　（3, 6, $\to$導入, 仮定①を解消）

8. $\forall x((0+x:=:x)\to(0+\mathrm{S}x:=:\mathrm{S}x))$　（7, $\forall$導入）

9. $(0+0:=:0)\wedge\forall x((0+x:=:x)\to(0+\mathrm{S}x:=:\mathrm{S}x))$

　　（1, 8, $\wedge$導入）

10. $\{(0+0:=:0)\wedge\forall x((0+x:=:x)\to(0+\mathrm{S}x:=:\mathrm{S}x))\}$

　　$\to\forall x(0+x:=:x)$　（公理Indの1つ）

11. $\forall x(0+x:=:x)$　（9, 10, $\to$除去）

（演繹終わり）

└──

　これによって、メカ自然数Qでは演繹できない論理式（☆）が、メカ自然数Pでは演繹できることが明らかとなりました。違いは、メカ自然数Pが数学的帰納法という原理を公理として備えていることです。

　このように、数学的帰納法の公理Indは非常に強力で、素朴自然数で真となる多くの性質を演繹することができます。例え

ば、以下などがそれにあたります。

$\forall x \forall y (x+y \mathrel{\vcenter{:}}=\mathrel{\vcenter{:}} y+x)$：加法の交換法則

$\forall x \forall y \forall z (x+(y+z) \mathrel{\vcenter{:}}=\mathrel{\vcenter{:}} (x+y)+z)$：加法の結合法則

$\forall x \forall y ((x+y \mathrel{\vcenter{:}}=\mathrel{\vcenter{:}} x+z) \rightarrow (y \mathrel{\vcenter{:}}=\mathrel{\vcenter{:}} z))$：方程式解法の原理の1つ

これらはみな、中高の数学では当たり前に（証明抜きで）成り立つとされていることですが、メカ自然数Pの世界では、演繹できる論理式なわけです。

ニセ自然数

　それではいよいよ、後回しにしてきた「メカ自然数Qでは、論理式（☆）を演繹できない」という事実の理由を説明する（メタ証明を与える）こととしましょう。論理式（☆）とは以下のものでした。

$$\forall x (0+x \mathrel{\vcenter{:}}=\mathrel{\vcenter{:}} x) \quad \cdots (\text{☆})$$

メカ自然数Qで（☆）が演繹できないことがどうやってわかるのか、というと、

「メカ自然数Qのモデルであって、（☆）式を解釈すると偽になるものが存在する」

ということを示すことでわかるのです。なぜそれでいいのでしょうか。

もしもメカ自然数Qのある特定のモデルMにおいて、論理式（☆）を解釈したものが偽だった、としましょう。メカ自然数Qの体系で論理式（☆）が演繹できたとすると、演繹システムの健全性から、論理式（☆）をモデルMで解釈したものは真でなくてはなりません（実は、メカ自然数Qは述語論理ですから、述語論理の演繹システムの健全性のことです。これは本書では説明していませんが成立します）。これは矛盾しています。したがって、メカ自然数Qの体系で論理式（☆）は演繹できない、とわかります。

　ここで、論理式（☆）が偽となるモデルの一例をお見せしましょう。

　それは、もちろん、素朴自然数ではありません。素朴自然数では、論理式（☆）の解釈「すべての自然数xに対して、$0 + x = x$」が成り立つからです。以下、素朴自然数とは異なるメカ自然数Qのモデルを創り出します。それを、「**ニセ自然数**」と呼ぶことにします。以下のような計算世界です。

（ニセ自然数とは？）

ニセ自然数の対象物は、通常の自然数$0, 1, 2, 3, \cdots$、及び、特別な2つの異なる要素α、β。もちろん、αとβは、どの自然数とも異なっている。すなわち、

$$ニセ自然数 = \{0, 1, 2, 3, \cdots, \alpha, \beta\}$$

そして、これらについて、「次」、「加法」、「乗法」が以下のように定義されている。

（「次」について）

＊通常の自然数nの「次」は、通常通り、「nの次の自然数」。

＊αの「次」はα、βの「次」はβ。

（加法について）

＊通常の自然数nとmに対しては、$n+m$は通常の自然数の足し算。

＊nを通常の自然数とするとき、$\alpha+n=\alpha$、$\beta+n=\beta$。

　これは、2つの特別な要素に対しては、右から通常の自然数を足しても特別な要素それ自身になることを表す。

＊xを通常の自然数またはαまたはβとするとき、

$x+\alpha=\beta$、$x+\beta=\alpha$。

　これは、なんであれ、αを右側に足すとβになり、βを右側に足すとαになることを表す。

（乗法について）

＊通常の自然数nとmに対しては、$n\times m$は通常の自然数の掛け算。

＊$\alpha\times0=0$、$\beta\times0=0$。

＊xを0以外の通常の自然数またはαまたはβとするとき、

$\alpha\times x=\beta$、$\beta\times x=\alpha$。

　これは、0以外のなんであれ、αを左から掛けるとβとな

り、β を左から掛けると α になる。

＊ n を通常の自然数とするとき、$n \times \alpha = \alpha$、$n \times \beta = \beta$ となる。

　これは、α に左から通常の自然数を掛けると α で、β に通常の自然数を左から掛けると β になる、ということを表す。
（ニセ自然数の定義は終了）

　要するに、ニセ自然数とは、通常の自然数に奇妙なお化けが2匹（α と β）紛れ込んだ世界です。ニセ自然数は、通常の自然数をすべて含んでおり、それらについての「次」「足し算」「掛け算」は、普通の素朴自然数のそれらと一致しています。しかし、α と β というお化けも含んでおり、お化けに対する計算法則は上記のように取り決められている、というわけなのです。

ニセ自然数はメカ自然数 Q のモデルである

　お化けの存在のせいで、計算はとても込み入っていますが、大事なことは、ニセ自然数がメカ自然数Qのモデルとなる、すなわち、メカ自然数Qの7つの公理を解釈したものがすべて真となる、ということです。このことは、7つの公理について、具体的に確かめてみれば済むことです。しかし、非常に面倒な作業になるので、補足に譲ります。筆者の言葉を信じる人は、別にこの補足を読まなくてもかまいません。

要するに、メカ自然数Qの演繹システムは、少なくとも次の2つのモデルを持っているわけです。

　　（1）私たちがなじんでいる素朴自然数
　　（2）私たちの常識からはずれたニセ自然数

　さて、ニセ自然数の世界では、定義から明らかに、

$$0 + \alpha = \beta$$

となり、α と β が異なる要素であることから、

$$0 + \alpha \neq \alpha$$

です。したがって、これが論理式（☆）

$$\forall x (0 + x \mathrel{\vdots}= x)$$

を解釈したものの反例となっています。つまり、ニセ自然数の世界では、論理式（☆）を解釈したものは偽となっているのです。これは、メカ自然数Qでは、論理式（☆）を演繹できないことを意味します。

　このことが教えてくれるのは、メカ自然数Qの体系は、必ずしも、私たちの知っている素朴自然数だけを鏡に映したような体系ではない、ということです。お化けの潜むニセ自然数の世界をも映し出してしまうからです。そういう意味で、メカ自然数Qは素朴自然数をそのまま形式的に実現したものとは違う、ということがわかります。

「任意」と「すべて」の隔たりは？

　以上で、論理式（☆）がメカ自然数Ｑでは演繹できないことがわかりました。論理式（☆）が偽となるニセ自然数の世界がモデルとしてあるからです。一方、論理式（☆）に個々の形式的自然数を代入した、

$$0+0:=:0, \ 0+\overline{1}:=:\overline{1}, \ 0+\overline{2}:=:\overline{2}, \ 0+\overline{3}:=:\overline{3}, \cdots$$

は、メカ自然数Ｑでは演繹可能であることはこの章の最初のほうの節で説明しました。このことは、ニセ自然数では矛盾を引き起こさないのでしょうか。そうです。矛盾を引き起こさないのです。メカ自然数Ｑでこれらの式を演繹するには、240ページで説明した手続きと同じように、$0+0:=:0$ から $0+\overline{1}:=:\overline{1}$ へ、$0+\overline{1}:=:\overline{1}$ から $0+\overline{2}:=:\overline{2}$ へ、$0+\overline{2}:=:\overline{2}$ から $0+\overline{3}:=:\overline{3}$ へ、と順々に積み上げ式で演繹するのでした。

　このような積み上げでは、決して、お化け α やお化け β に到達することはなく、したがって、$0+\alpha=\alpha$、と解釈できるような論理式が演繹されることはないのです。なぜなら、自然数には常に「次の自然数」が存在するため、積み上げはいつも可能だけど α にも β にも到達しないからです。

　言い方を変えると、0にSを多重にほどこして作る S0, SS0, SSS0, …では、α にも β にも到達しません。α や β は言わば「実在する無限」に当たる概念で、これらの「次」にあたる対

象は、$S\alpha = \alpha$ とか、$S\beta = \beta$ などのように、「自己完結」し、孤立しているのです。したがって、通常の自然数個々についての $0 + k = k$ には段階的に到達できても、$0 + \alpha$ に関しては、それが α であると到達できません。だから、個々の自然数 k についての $0 + \bar{k} := \bar{k}$ は演繹できても、$\forall x(0 + x := x)$、という全称量化記号による論理式は演繹できないわけです。

数学的帰納法でニセ自然数が 排除される理由

それでは、数学的帰納法の公理 Ind を導入したメカ自然数 P では、どうして、この論理式（☆）が演繹されてしまうのでしょうか。

それは、公理 Ind があるために、ニセ自然数がメカ自然数 P のモデルとはならなくなるからです。なぜモデルにならないかは、まさに論理式（☆）が演繹できてしまうことからわかります。

今、公理 Ind の $\varphi(x)$ を $0 + x := x$ と設定し、

公理 ─────────────────────

$$\{(0+0:=:0) \land \forall x((0+x:=:x) \to (0+Sx:=:Sx))\}$$
$$\to \forall x(0+x:=:x) \qquad \text{自然数について①真}$$
$$\alpha \text{ について②真}$$
$$\beta \text{ について③真}$$
$$④真$$

を作りましょう。

　メカ自然数Pのすべてのモデルでは、この公理は真です。ですから、ニセ自然数がメカ自然数Pのモデルかどうかを考えるため、この公理がニセ自然数で解釈して真となりうるかどうかを考えてみます。

　メカ自然数でこの公理を解釈するとき、$0+0:=:0$ の解釈は、$0+0=0$ だから、これは真です。

　$(0+x:=:x)\to(0+Sx:=:Sx)$ の解釈は、

　　　　「$0+x=x$ ならば、$0+(x\text{の次})=(x\text{の次})$」

です。x を通常の自然数とすると、これは真です（①）。また、x をお化け α とすると、定義から、

$$0+x=0+\alpha=\beta$$

ですから、$(0+x:=:x)$ の解釈は偽です。したがって、

$$(0+x:=:x)\to(0+Sx:=:Sx)^{②}$$

の解釈は真です。

　同様に、β についても、

$$(0 + x \mathrel{\vdots}= \mathrel{\vdots} x) \rightarrow (0 + \mathrm{S}x \mathrel{\vdots}= \mathrel{\vdots} \mathrm{S}x) \quad ③$$

の解釈は真となります。

　したがって、xが通常の自然数でも、αでも、βでも、

$$(0 + x \mathrel{\vdots}= \mathrel{\vdots} x) \rightarrow (0 + \mathrm{S}x \mathrel{\vdots}= \mathrel{\vdots} \mathrm{S}x)$$

の解釈は真となるので、

$$\forall x((0 + x \mathrel{\vdots}= \mathrel{\vdots} x) \rightarrow (0 + \mathrm{S}x \mathrel{\vdots}= \mathrel{\vdots} \mathrm{S}x)) \quad ④$$

の解釈は真となります。

　以上から、公理の前半部にある、

$$\{(0 + 0 \mathrel{\vdots}= \mathrel{\vdots} 0) \land \forall x((0 + x \mathrel{\vdots}= \mathrel{\vdots} x) \rightarrow (0 + \mathrm{S}x \mathrel{\vdots}= \mathrel{\vdots} \mathrm{S}x))\}$$

のニセ自然数での解釈は真です。

　一方、後半部の

$$\forall x(0 + x \mathrel{\vdots}= \mathrel{\vdots} x)$$

の解釈は、まさに$0 + \alpha = \beta$が反例となっていますから、偽です。これは、

> ── 公理 ─────────────────────
>
> $\{(0 + 0 \mathrel{\vdots}= \mathrel{\vdots} 0) \land \forall x((0 + x \mathrel{\vdots}= \mathrel{\vdots} x) \rightarrow (0 + \mathrm{S}x \mathrel{\vdots}= \mathrel{\vdots} \mathrm{S}x))\}$
>
> $\rightarrow \forall x(0 + x \mathrel{\vdots}= \mathrel{\vdots} x)$

の解釈が（真→偽から）偽であることを示しています。つまり、ニセ自然数はメカ自然数Pのモデルではないことがわかりました。ニセ自然数がメカ自然数Pのモデルではないのだか

ら、メカ自然数Pによって$\forall x(0 + x \mathbin{:}= \mathbin{:} x)$が証明されても、矛盾は引き起こされません。言い換えると、メカ自然数Pの世界では、「次」という操作で到達できないαやβの存在を、数学的帰納法の公理によって巧く排除した、ということなのです。

ここで、序章15〜16ページで問題提起した「数学ではなぜ同じ問題に異なる答えが存在するのか」に解答しましょう。それは「公理系の違い」から来る、ということです。今見たように、メカ自然数Qでは、$\forall x(0 + x \mathbin{:}= \mathbin{:} x)$ は定理ではないですが、メカ自然数Pでは定理となります。この違いは、公理の違いから来ます。前者には公理Indがなく、後者にはあります。

一般に、公理系たちに見られる定理の違いは公理の違いから来ます。一方、どの（述語論理の）公理系でも推論規則は同一です。新井紀子さんが指摘した（138〜139ページ）ように、推論規則はすべてにおいて共通で、世界観の違いは公理から来るのです。

メカ自然数 Q の不完全性

しんどい道のりでしたが、以上で、メカ自然数Qでは、論理式

$$\forall x(0 + x \mathbin{:}= \mathbin{:} x) \ \cdots (\text{☆})$$

が演繹できないことの証明（メタ証明）が終わりました。その

メタ証明は、論理式（☆）の解釈が偽となるようなモデルを作る、という非常に巧妙なものでした。ちなみにこれは、数学において「証明不可能性」を示すための常套手段です。

さて、それでは、この論理式の否定

$$\neg \forall x(0 + x \overset{\centerdot}{=} x)$$

（$0 + x \overset{\centerdot}{=} x$ がすべての x に対して成り立つ、わけではない）はメカ自然数 Q で演繹できるのでしょうか？

筋の良い読者なら、すぐにわかると思いますが、これも演繹できません。もしも演繹できたとすると、メカ自然数 Q の健全性から、この論理式を素朴自然数で解釈したものが真でなければなりません。しかし、その解釈とは、「$0 + x = x$ が成り立たない x が存在する」というものなので、これは、素朴自然数では明らかに偽です。したがって、この論理式もメカ自然数では演繹できないわけです。

以上のことから、次のことがわかりました。

（メカ自然数 Q の不完全性）
メカ自然数 Q には、その言語で表現できる閉じた論理式 φ で、φ も $\neg\varphi$ も演繹できないものが存在する。

当然ですが、φ を $\forall x(0 + x \overset{\centerdot}{=} x)$ に設定すれば良いわけです（閉じた論理式とは、すべての変数が $\forall$ や $\exists$ で束縛されている

論理式のことです)。

このように、ある閉じた論理式で、その論理式を演繹できず、その否定も演繹できないようなものが存在する演繹システムのことを「**不完全（incomplete)**」と呼びます。以上で、「メカ自然数Qは不完全」ということがわかりました。

それでは、メカ自然数Pはどうでしょうか？

前述した通り、メカ自然数Pは数学的帰納法の公理Indを含んでいるので、非常に強力な体系となっており、先ほどの論理式（☆）を演繹することができました。また、280ページに列挙したように、多くの自然な等式たちも演繹できました。それでは、メカ自然数Pは完全（negation complete）でしょうか。

実はそうではないのです。ゲーデルという数学者が次の定理を見つけました。

┌─ ゲーデルの定理（メカ自然数Pの不完全性）────────
│
│ メカ自然数Pには、その言語で表現できる閉じた論理式 φ
│ で、φ も $\neg\varphi$ も演繹できないものが存在する。
│
└────────────────────────────────

残念ながら、この定理については、本書では説明を完成することはできません。φ にあたる論理式が、（☆）のように簡単なものではなく、非常に複雑なものだからです。本書では、ゲーデルの定理の門前に立つのが関の山で、門をくぐり抜け、

ゲーデルの母屋に入ることは諦めなければなりません。次の最終章で、門前まで進みましょう。

ゲーデルの定理、その予告編

第12章

ゲーデルの定理の門前を目指す

いよいよ、本書も最終章になりました。

この章では、「証明と論理」の仕上げとして、ゲーデルの定理について触れようと思います。ただし、ゲーデルの定理について、完全な解説をすることはできません。ゲーデルの定理は、完全性定理と不完全性定理がありますが、どちらの証明も非常に複雑でたくさんの準備が必要です。きちんとした証明を、しかもわかりやすく解説しようとすると、書き手の高い知力、それに加えて、あと1冊分の紙数が必要になります。そればかりでなく、読者の理解の道のりはかなり険しいものとなり、大変な労力を強いることになるでしょう。

そんなわけで、本章では、「予告編」的な解説しかしません。

とは言え、これまで、かなり丁寧に、「証明」と「論理」について解説をしてきました。読者の皆さんは、たぶん、論理記号を読解することに慣れ、推論規則の使い方を習得し、演繹システムというものがどういうものかを体得されたことと思います。そういう段階に到達した読者ならば、この章での説明を読めば、ゲーデルの定理が何を主張するもので、その証明のアイデアがどんなものであるかは、おおまかにはイメージできると思います。

それでは、ゲーデルの定理の門前まで向かいましょう。

ゲーデルの完全性定理

ゲーデルは、1930年に次の完全性定理の証明を発表しました。

(ゲーデルの完全性定理)

　与えられた述語論理の言語Lを持つ演繹システムをTとする。言語Lで記述される論理式φが、演繹システムTのすべてのモデルにおいて真であるなら、論理式φは演繹システムTによって演繹できる。

　記号で書くなら、($T \vDash \varphi$）ならば（$T \vdash \varphi$)

ここで、演繹システムTにおける推論規則は、量化記号∀と∃の推論規則を含めた自然演繹と、等号の推論規則と、Tの公理からなるものです。

完全性定理については、すでに、等号の演繹システム、命題論理の自然演繹のシステムに対して説明しました。このゲーデルの定理は、その2つの一般化と見なすことができます。また、その証明も、レベルの違いはあるものの、似たようなものです。

不完全性定理登場

　完全性定理を、述語論理の演繹システムの1つであるメカ自然数P（ペアノ算術）に適用すれば、次のことがわかります。すなわち、

「メカ自然数Pの言語で記述でき、メカ自然数Pのモデルすべてで真となる論理式は、メカ自然数Pによって演繹できる」

　ただし、メカ自然数Pのモデルは、素朴自然数以外にもいろいろあるので、「すべてのモデルにおいて真」を満たす論理式がなんであるかが明らかではありません。そこで、素朴自然数というモデルに限定し、素朴自然数での解釈が真の論理式がすべて演繹できるか、という問題が注目されることになります。

　言い換えると、私たちが素朴に知っている自然数、それは数学が扱う標準的な自然数のことでもありますが、そこで「正しい」命題はみんなメカ自然数Pという形式的体系で演繹できるか、ということです。

　第11章で解説した通り、メカ自然数Pは相当強力なシステムですから、「素朴自然数での解釈が真の論理式がすべて演繹できる」という性質を持っていても不思議ではないのです。

　そこで登場するのが「ゲーデルの不完全性定理」です。この定理をゲーデルが証明したのは、なんと、完全性定理を証明し

た翌年の1931年でした。ゲーデルの不完全性定理には、いろいろなバージョンがありますが、その中で、本書で解説してきた用語だけで記述できるバージョンを選びます。

（ゲーデルの不完全性定理）

　メカ自然数Pの演繹システムが素朴自然数において健全であるなら、メカ自然数Pの言語で記述できるある閉じた論理式φが存在し、メカ自然数Pの演繹システムでは、φも¬φも演繹できない。

　ここで、論理式φか論理式¬φの一方は、素朴自然数で解釈したとき真となることに注意しましょう。したがって、「素朴自然数で解釈すると真であるにもかかわらず、メカ自然数Pでは演繹できない論理式が存在する」ということが示されたことになります。

　ここにさりげなく、「メカ自然数Pの演繹システムが素朴自然数において健全」という仮定が入っていることに注意しましょう。これは、「メカ自然数Pの演繹システムで演繹できる論理式がすべて、素朴自然数で解釈すると真」ということです。鋭い読者は次のような疑問を持つでしょう。

「前に、素朴自然数はメカ自然数Pのモデルと言っていたじゃないか。モデルだということは公理がすべて真だし、推論規則は述語論理のものだから、健全なのはアタリマエじゃないのか」

と。おっしゃる通りで、この点については専門家でない筆者も同じ疑問を持ちました。この疑問を解消すべくいくつかの専門書を読みました。それぞれに独特な言説をしていて、正直なんだかわかりません。おおまかに言うと、「素朴自然数はメカ自然数Pのモデルであるという前提のもとに展開しているが、ゲーデルの定理に言及するときはその前提を明示しておきたい」という感じなのだと思います。したがって、数学者たちは、素朴自然数はそもそも、私たちの頭の中にある良くわからない体系なので、このような仮定は取り除きたいと考えました。そして、実際それは可能です。不完全性定理は、この仮定「メカ自然数Pの演繹システムが健全」なしで表現できます。ただ、それには、本書ではカバーしていない概念（ω無矛盾や1無矛盾やr.e.、ロッサー文など）が必要になるので、専門書に譲ることにします（お勧め文献・参考文献に挙げておきました）。

　しかし、ここで注意したいのは、メカ自然数Pの体系に仮定を何も設けないわけにはいかない、ということです。なぜなら、例えば、メカ自然数Pが仮に⊥（矛盾）を演繹できるとし

ます。そうすると、推論規則［矛盾］を使えば、任意の論理式が演繹できます（165ページ）。そうすると、当然、不完全性は成り立ちません（φと$\neg\varphi$の両方ともが演繹できる）。このような演繹システムは「何でも演繹できる」ナンセンスな体系になってしまいます。ここでのバージョンのように、「素朴自然数における健全性」の仮定を課せば、少なくとも「⊥が証明できる」という事態を避けることができます（⊥は常に偽だから健全な体系では演繹できません）。

　さて、このゲーデルの不完全性定理は、数学界に大きな衝撃を与えました。メカ自然数P（ペアノ算術）は、十分に強力な自然数の演繹システムだと考えられていたので、どんな論理式φについても、φか$\neg\varphi$か一方は演繹できるだろう、と期待されていました。これは、「数学は万能である」という**ヒルベルト**の思想を背景としたものです。それがこの定理で否定されてしまったわけです。

　ゲーデルの不完全性定理の驚くべきところは、もう1つあります。今、論理式φについて、φも$\neg\varphi$もどちらも演繹できないとするなら、その論理式φをメカ自然数Pの公理として加えてしまえば、当然ながら、論理式φは演繹できるようになります（公理は演繹図に置くことができる）。しかし、その新しい演繹システム、（メカ自然数P）＋φ、にも、新たな別の論理式で、それを演繹することも否定することもできないものが見つ

かるのです。このような「演繹システムと決定不能な論理式の イタチごっこ」が生じてしまうことが、ゲーデルの不完全性定 理の証明によって判明しました（この点については、本書では きちんと説明しません）。これは、数学界の夢を打ち砕くのに 十分なものでした。

不完全性定理の証明のアイデア

　不完全性定理の証明をフルに与えることは諦めますが、その ポイントとなるところだけは解説しましょう。次の4つが重要 なアイデアになっています。

アイデア①　論理式や演繹図を1個の自然数で表してしまう
　　　　　　（ゲーデル数）
アイデア②　「演繹できる」をメカ表現し、さらにはメカ捕捉
　　　　　　する論理式を構成する（可証性論理式）
アイデア③　論理式の対角化を導入する（対角化定理）
アイデア④　自己言及する論理式を構成する（ゲーデル文）

以下、1つずつ解説して行きます。

アイデア①　ゲーデル数

　これは、論理式や演繹図に1個の自然数を対応させ、これら

をコード化させてしまう技術です。

　例えば、⊥にはコード1を、∧にはコード5を、:=:にはコード17を割り当てる、といった具合です。このようなコードを**ゲーデル数**（Gödel number）と呼び、$gn(\cdots)$ という記号で表すことにします。この記号を用いるなら、

$gn(\bot)=1,\ gn(\neg)=3,\ gn(\wedge)=5,\ gn(\vee)=7,\ gn(\rightarrow)=9,$

$gn(\Leftrightarrow)=11,\ gn(\forall)=13,\ gn(\exists)=15,\ gn(:=:)=17,\ gn(\text{‘(’})=19,$

$gn(\text{‘)’})=21,\ gn(0)=23,\ gn(\text{S})=25,\ gn(+)=27,\ gn(\times)=29$

となります。これで、メカ自然数Pの変数記号以外の記号には、コードが割り当てられました。無限個の変数記号$x, y, z,$ …に関しては、

$$gn(x)=2,\ gn(y)=4,\ gn(z)=6,\ \cdots$$

のように偶数をコードとして割り当てていきます。一般の論理式に対しては、素因数分解を用いてコードを与えます（詳細は [11] 等に譲ります）。また、演繹図についても、コードを与えられます。例えば、等号の推論規則を用いた以下の演繹図、

$$1.\ x:=:y\ （仮定）$$

$$2.\ x:=:z\ （仮定）$$

$$3.\ y:=:z\ （EQ）$$

に対しては、$gn(x:=:y,\ x:=:z,\ y:=:z)=k$、というようにコード$k$を与えるのです（$k$は具体的な自然数ですが、ばかでかすぎ

て書けません）。これも素因数分解を用いて割り当てます。このようなコーディングについては、最後に、MIUゲームを利用して、別の形でイメージ解説をします。

　ゲーデル数によって何が可能となるか、というと、メカ自然数Pについての外側からの主張を、メカ自然数Pの内部の言語で表現できてしまう、ということです。例えば、メカ自然数Pの論理式、$\neg \exists x (1 \mathbin{:=:} SS0 \times x)$、を考えてみましょう。これは、「1は何かに2を掛けた数ではない」を意味しますから、要するに、「1が偶数ではない」ということを主張しています。この解釈では、単なる自然数についての言明に過ぎません。一方、1は⊥のコード（ゲーデル数）で、偶数は変数のコード（ゲーデル数）ですから、この主張をゲーデル数を通して解釈すれば、「⊥は変数ではない」を意味し、メカ自然数Pの演繹システムとしての特性を外側から語るものとなっています。このような方法で、メカ自然数Pについての数学的性質をメカ自然数Pの（自然数についての）論理式で書いてしまうことができるのです。

アイデア②　可証性論理式

　このアイデアが不完全性定理の証明の中で、最も衝撃的にして、最も重要なものです。

　まず、262〜263ページで解説した「メカ表現」と「メカ捕

捉」のことを思い出してください。

　メカ自然数Qやメカ自然数Pには（以降、すべて、メカ自然数Pで解説します）、大小関係を表す記号（≦）は導入されていませんが、素朴自然数で解釈すれば、それと同等になる論理式が存在しました。それが、

$$\exists y(a + y \mathrel{:=:} b)$$

です。本書では、この論理式を述語記号で、≦(a, b)、と表しました。

　論理式≦(a, b) は、素朴自然数で解釈すれば、「自然数aに足すと自然数bとなる自然数yが存在する」ということですから、これが素朴自然数で真となるのは、$a \le b$のときです。

　つまり、

$$[≦(\overline{n}, \overline{m})の解釈が真] \Leftrightarrow [n \le m]$$

ということです。このことを、「≦(a, b)は、メカ自然数Pにおいて、大小関係をメカ表現する」と言いました。そればかりでなく、次のことも成り立ちました。

$$[≦(\overline{n}, \overline{m})がメカ自然数Pで\overset{\cdots\cdots}{演繹できる}] \Leftrightarrow [n \le m]$$

このことを、「≦(a, b)は、メカ自然数Pにおいて、大小関係をメカ捕捉する」と言いました。つまり、素朴自然数での大小関係の真偽と、演繹システムでのある論理式の演繹の可否が完全に対応する、ということです。

　このように、メカ自然数Pの体系では、素朴自然数での性質

を、その述語記号を新たに導入することなく表現（express）したり、捕捉（capture）したりできるわけです。

　これと同様なことで、大変衝撃的な発見がなされました。それは、「与えられた論理式がメカ自然数Pで演繹できる」ということをメカ表現し、メカ捕捉する論理式が構成されたのです。それは、述語記号、

$$Prf(x, y)$$

で表される論理式です（Prfは、Proofの略です）。もちろん、これはメカ自然数Pの記号だけで記述できる論理式ではあるのですが、$\leq(\overline{n}, \overline{m})$とは違って、とてつもなく長い式になるので、ここで与えるわけには行きません（そもそも書き下すことが困難です）。

　この論理式$Prf(x, y)$とは以下のようになります。今、任意の論理式φと、任意の演繹図（φの演繹であってもなくてもよい）、

　　　　　1.　e_1

　　　　　2.　e_2

　　　　　3.　e_3

　　　　　　　　⋮

が与えられたとき、その論理式φのゲーデル数$gn(\varphi)$と、その演繹図のゲーデル数$gn(e_1, e_2, e_3, \cdots)$を形式的自然数（Sを使って表され、バーをつけた自然数で略記されるもの）に直したものをそれぞれ、$\overline{n} = \overline{gn(\varphi)}$, $\overline{m} = \overline{gn(e_1, e_2, e_3, \cdots)}$とし、そ

れらを述語 $Prf(x, y)$ に代入すると、

[$Prf(\overline{m}, \overline{n})$ の解釈が真] ⇔ [$e_1, e_2, e_3, \cdots$ が論理式 φ の演繹図と
なっている]

が成り立つものです。つまり、素朴自然数における性質「与え
られた演繹図が、与えられた論理式を実際に演繹している」
が、メカ自然数 P の論理式 $Prf(\overline{m}, \overline{n})$ を素朴自然数で解釈して
真かどうかで判定できる、ということです。言い換えると、

「メカ自然数 P のある論理式に対して、ある論理式の列が演繹
図になっている・いない」

ということが、

「自然数 2 つがある性質を満たす・満たさない」

ということに置き換えられてしまう、ということです。

　これはまさに、「論理式 $Prf(x, y)$ は、$e_1, e_2, e_3, \cdots$ が論理式 φ
の演繹図となっていることを、メカ表現している」ということ
を意味します。

　同様に、次も成り立ちます。

　　[論理式 $Prf(\overline{m}, \overline{n})$ がメカ自然数 P で演繹できる]

　　⇔ [$e_1, e_2, e_3, \cdots$ が論理式 φ の演繹図となっている]

これは、素朴自然数における性質「与えられた演繹図が、与え
られた論理式を実際に演繹している」が、メカ自然数 P の論理
式 $Prf(\overline{m}, \overline{n})$ をメカ自然数 P の体系で演繹できることと一致す

ることを意味しています。「論理式$Prf(x, y)$は、$e_1, e_2, e_3, \cdots$が論理式φの演繹図となっていることを、メカ捕捉している」ということです。

このように、メカ自然数Pの言語で書ける論理式$Prf(x, y)$は、みかけは2つの自然数についてのなんらかの性質を主張するものであるにもかかわらず、それを素朴自然数で解釈した上、さらにゲーデル数を通して翻訳すると、メカ自然数Pの論理式が、メカ自然数Pの演繹システムで演繹図を持つ、という意味を持つことになるわけです。これを「メタ化」と言います。

この論理式$Prf(x, y)$は、**可証性論理式**と呼ばれます。この論理式を利用すると、「論理式φがメカ自然数Pで演繹できる」ということをメカ表現、メカ捕捉することができます。次のような論理式を作れば良いのです。論理式φのゲーデル数$\overline{n} = \overline{gn(\varphi)}$に対して、$x$を変数とした論理式

$$\exists x Prf(x, \overline{n})$$

がそれに当たります。この論理式は、素朴自然数で解釈すると、「ゲーデル数がnである論理式φに対し、φの演繹図のゲーデル数となる自然数xが存在する」という意味ですから、これはまさに、「論理式φがメカ自然数Pで演繹できる」ということです。

可証性論理式$Prf(\overline{m}, \overline{n})$の構成方法は、長く険しい道のりなので専門書にあたっていただくしかありませんが、この章の最

後に、本質的な部分をMIUゲームを使ってイメージ化します。

アイデア③　対角化定理

　ゲーデルは、「演繹も、否定の演繹も、不可能であるような論理式」を構成するために、「対角化」と呼ばれる技法を編み出しました。それは、変数をy1つだけ持つ論理式$U(y)$に対して、論理式$U(y)$自身のゲーデル数$n = gn(U(y))$を自分の変数yに代入した論理式のことです。それは、次の論理式で与えられます。

$$(U(y)の対角化) = \exists y(y := \overline{n} \wedge U(y))$$

　この論理式が、論理式$U(y)$の変数yに自分自身のゲーデル数$\overline{n}$を代入してできる論理式$U(\overline{n})$と同値になることは、すでに259ページで解説してあります。対角化には、2つの意義があります。第一は$U(y)$のゲーデル数$\overline{n}$を代入して、$U(\overline{n})$を作ることで、自分自身$\overline{n}$に対して、自身の主張する述語Uを課し、自己言及すること。第二は$U(y)$は変数yを持つので真偽がありませんが、対角化$U(\overline{n})$は、自然数$\overline{n}$についての主張なので真偽が決められることです。

アイデア④　ゲーデル文

　いよいよ、演繹も否定の演繹もできない論理式であるゲーデル文Gを作りましょう。

まず、述語論理式 $Gdl(m, n)$ を次のように定義します（Gdl は Gödel を冠したものです）。

　「ゲーデル数 k を持つ1変数の論理式 φ」を対角化してできる論理式「φ の対角化」のゲーデル数を $\mathrm{diag}(k)$ と書くことにします（diag は、diagonal（対角線）に由来しています）。

$$\mathrm{diag}(k) = gn(\varphi \text{の対角化}) \quad (\text{ただし、} k = gn(\varphi))$$

この下で、$Gdl(m, n)$ は、

$$Gdl(m, n) = Prf(m, \mathrm{diag}(n))$$

と定義されます。この解釈は、「ゲーデル数 n を持つ1変数の論理式を対角化した論理式の演繹図のゲーデル数は m である」という意味です。この論理式 $Gdl(m, n)$ を用いて、1変数 y を持つ論理式 $\mathrm{U}(y)$ を次のように構成します。

$$\mathrm{U}(y) = \forall x \neg Gdl(x, y)$$

　これは、「$Gdl(x, y)$ でない、ということがすべての自然数 x に対して成立する」という主張です。この論理式 $\mathrm{U}(y)$ の対角化こそが、探しているゲーデル文 G となるのです。すなわち、

$$(\text{ゲーデル文 } G) = (\mathrm{U}(y) \text{の対角化})$$

　さて、この論理式 G はいったいどんな内容を持っているのでしょうか。

　まず、対角化が「自分のゲーデル数を自分に代入すること」と同値であったことを思い出してください。すなわち、対角化は自己言及なのでした。$\mathrm{U}(y)$ は、「ある論理式が証明不可能」

を意味する論理式なので、その対角化は「自分自身は証明できない」という自己言及文になるわけです。実際、$\mathrm{U}(y)$ のゲーデル数をgとするとき、

$$G \Leftrightarrow \mathrm{U}(g)$$

となります（以下、バー記号は省略します）。

$\mathrm{U}(y)$ は $\forall x \neg Gdl(x, y)$ でしたから、きちんと書き直すと、

$$G \Leftrightarrow \forall x \neg Gdl(x, g)$$

ここで、$Gdl(m, n)$ は、$Prf(m, \mathrm{diag}(n))$ のこと（ゲーデル数が n の式を対角化した式の演繹図のゲーデル数が m）でしたから、

$$Gdl(x, g) = Prf(x, \mathrm{diag}(g))$$

です。カッコの中の $\mathrm{diag}(g)$ は、ゲーデル数gの論理式の対角化のゲーデル数です。ゲーデル数gの論理式は $\mathrm{U}(y)$ に他なりませんから、ゲーデル数 $\mathrm{diag}(g)$ を持つ論理式は $\mathrm{U}(y)$ の対角化であり、すなわち、ゲーデル文 G 自分自身となります。要するに、ゲーデル文 G とは、

$$G \Leftrightarrow \forall x \neg Prf(x, gn(G)))$$

が成り立つ論理式となります。これでうまいこと、G 自身のゲーデル数を自分の中に埋め込むことができました。この右側の論理式を解釈すると、「いかなる数 x をとっても、その x をゲーデル数として持つ演繹図は、G の証明ではない」という意味ですから、要するに「G には演繹図が存在しない」という主張になります。つまり、G は、素朴自然数で解釈し、それをメ

カ自然数Pについての主張に変換すれば、「自分自身が証明でき
ない」ことを主張するメカ自然数Pの論理式ということにな
ります。これがゲーデル文です。

（注意1）読みにくくなるので、バーを付けていませんが、具体的な
数字を表す文字g、$gn(G)$、$\text{diag}(g)$ などはバー付きと認識してく
ださい。

（注意2）論理式Gの構成には、$gn(\cdots)$、$\text{diag}(\cdots)$ のような関数が
含まれるので、これらの関数はメカ自然数Pの言語で記述（メカ表
現、メカ記述）されなければなりません。それは可能なのですが、
しんどい道のりなので割愛しています（［12］［13］を参照せよ）。

不完全性定理の証明

　いよいよ、ゲーデル文Gを使って、不完全性定理を証明し
ましょう。

（a）論理式Gはメカ自然数Pでは演繹できない。

　仮にGが演繹できたと仮定します。Gは、素朴自然数で解釈
し、ゲーデル数を通してメカ自然数Pの性質に翻訳すれば、「G
はメカ自然数Pで演繹できない」、という内容を持っていま
す。今、Gが演繹できたと仮定したので、「Gはメカ自然数P

で演繹できない」は偽となります。これは、素朴自然数で解釈すると偽となる論理式Gをメカ自然数Pが演繹したことになり、メカ自然数Pの素朴自然数での健全性の仮定に反します。したがって、最初の仮定が誤っており、Gはメカ自然数Pでは演繹できません。

(b)　否定文￢Gはメカ自然数Pでは演繹できない。

　￢Gは、素朴自然数において、「Gはメカ自然数Pで演繹できる」という内容を持っています。しかし、（a）からGはメカ自然数Pでは演繹できないのだから、この論理式￢Gは素朴自然数で解釈すると偽です。メカ自然数Pは素朴自然数において健全と仮定していますから、偽の論理式を演繹することはできません。つまり、￢Gはメカ自然数Pでは演繹できません。

　以上によって、ゲーデルの不完全性定理の中の論理式φを構成できました。それがゲーデル文Gです。

演繹システムの算術化とはどういうことか

　駆け足で、そして、はしょりながら、ゲーデルの不完全性定理の証明の要約を提示しました。4つのアイデアが使われているのですが、一番イメージし難いのは、「可証性論理式」のと

ころでしょう。つまり、「メカ自然数Pの演繹システムで演繹できる」ということをメカ自然数Pの1つの論理式でメカ表現、メカ捕捉してしまうところです。

この点を少しだけイメージしやくするため、ここではメカ自然数Pの体系ではなく、第5章で導入したMIUゲームの演繹システムを使って解説してみることにします。MIUゲームの公理と演繹システムは、次のようなステップで、メカ自然数Pの内部に埋め込んでしまうことができるのです。

まず、M, I, Uを次のように数字に置き換えましょう。

M→3, I→1, U→0

すると、項はすべて、「3, 1, 0だけで作られる数」になります（ゲーデル数と同じアイデアです）。94ページで出した項の例では、

MI→31, MUMI→3031, IMIUM→13103, UUUU→0000

という数に置き換えられます。この中には最後のように自然数の表記ではないものがありますが、公理からスタートすることを考えれば、このようなものは排除されるので、自然数に置き換えられるとはじめから考えておいて大丈夫です。このように割り当てられた数を**ホフスタッター数**と呼び、$hn(*)$と表すことにしましょう。

$$hn(\mathrm{MI}) = 31, \quad hn(\mathrm{MUMI}) = 3031$$

のようになります。

公理や推論規則を自然数で表す

　ホフスタッター数によって、MIU ゲームの演繹は、単なる自然数の生成プロセスに変わります。例えば、98 ページの図 4.2 の演繹図は、次のような自然数の数列になります。

┌─ 図12.1（図4.2 をホフスタッター数に変換した演繹図）─────
31	⋮	MI
311	⋮	MII
31111	⋮	MIIII
301	⋮	MUI
3010	⋮	MUIU
└──────────────────────────────────

　つまり、MIU の演繹とは、自然数の数列を特定の規則で作っていくことに変換されるわけです。

　このように、ホフスタッター数を通じて、MIU ゲームの言語をメカ自然数 P に変換すると、MIU ゲームの公理や、推論規則を、メカ自然数 P の論理式で表す（メカ表現する、メカ補足する）ことが可能になります。

　例えば、「x は MIU ゲームの公理のホフスタッター数である」を表す述語 $Ax(x)$ は、

$$x = 31$$

という論理式で表すことができます。（メカ自然数Pできちん
と書くと、$x := \overline{31}$ ですが、わずらわしいので普通の等式で書
いていきます）。

　xが公理であるMIのホフスタッター数であることは、論理
式 $x = 31$ と同じことです。

　次に、推論規則を表す述語を構成してみましょう。例えば、
「ホフスタッター数 y の文字列に、推論規則1を適用して演繹し
た文字列のホフスタッター数は x である」という述語、

$$\mathrm{Rule}_1(x,\, y)$$

をメカ自然数Pの言語で論理式としてみます。

　推論規則1は「Iで終わる項があれば、そのあとにUを付け
加えてもよい」というものでしたが、これをコードに書き換え
ると、「ホフスタッター数の末尾が1なら10倍していい」とい
うことと対応します。図12.1の最後のステップがそれにあたり
ます。

　メカ自然数Pの言語で表現するなら、「y が $y = 10\,t + 1$ と表
せ、かつ、x は y に10を掛けた数」ということなので、
$\mathrm{Rule}_1(x,\, y)$ は、

$$(\exists\, t(y = 10 \times t + 1)) \wedge (x = 10 \times y)$$

と表すことができます。例えば、x が3010、y が301の場合は、
$t = 30$ を選べば、上に論理式が真となり、これはMUIUがMUI
から演繹されることを意味しています。

他の推論規則も（かなり面倒ですが）同じようにメカ自然数Pの論理式で表すことができます。

　このように、公理と推論規則1つ1つをメカ自然数の論理式に変換していけば、やがて、「ホフスタッター数xを持つ文字列には、MIUゲームの演繹システムでの演繹図が存在する」という論理式を構成することが可能であることは、なんとなくわかるでしょう。

　ゲーデルの不完全性定理の証明においては、これと同じテクニックによって、メカ自然数Pの公理と推論規則を、メカ自然数P自身の内部の論理式に翻訳してしまう、という離れ業をやってのけます。これが、「**メタ化**」と呼ばれる手法です。

　ついでながら付け加えると、参考文献［3］では、ホフスタッターは、次の定理を証明（メタ証明）しています。

（ホフスタッターの定理）

　MIUの演繹システムでは、項MUを演繹できない。

　この証明（メタ証明）は、ホフスタッター数を使って、MIUの演繹システムを素朴自然数の理論に写し取るもので、ゲーデルの不完全性定理のアイデアと類似しています。MIUゲームを使って、ゲーデルのアイデアをわかりやすく読者に伝えようというホフスタッターの才覚が見てとれます。ホフスタッター

の証明は、補足で紹介します。

　以上で解説は終了です。

　一応、完全性定理、不完全性定理の門前に立つことまではできました。次の解説書に進むかどうかは、あなたの決意次第です。勇気を出して踏み出したとしても、本書を読了したことで、素手で立ち向かうよりずっと戦いやすくなっていると思います。

　では、この門前で解散とします。お疲れさまでした。

補　足

補足 A.「命題論理の自然演繹の完全性定理」の証明

　193ページで紹介した「命題論理の自然演繹の完全性定理」
の証明のダイジェスト版をお見せします。この定理（メタ定
理）は、次のものでした。

（命題論理の自然演繹の完全性定理）

　恒真式は、自然演繹の推論規則だけで（解消されない仮定
なしに）必ず演繹できる。

要するに、命題論理の論理式で、どんな可能世界でも真となる
ものは、自然演繹だけで演繹できる、ということです。この定
理の証明はそんなに難しくはないですが、健全性定理と同様
で、各推論規則について個別に証明する部分があって、少し長
いです。ですから、本書ではかいつまんで解説するにとどめま
す（完全な証明を知りたい人は、参考文献 [9] を参照のこと）。
　まず、本質的な部分を先に解説しましょう。次の補題を利用
します。

（補題）

論理式 φ が $m+n$ 個の命題記号

$$p_1, p_2, \cdots, p_n, q_1, q_2, \cdots, q_m$$

から（¬, ∨, ∧, →で接合して）構成されているとする。可能世界 w では、$p_1, p_2, \cdots, p_n$ はすべて真、$q_1, q_2, \cdots, q_m$ はすべて偽であったとする。このとき、w において論理式 φ が真ならば、仮定集合

$$\{p_1, p_2, \cdots, p_n, \neg q_1, \neg q_2, \cdots, \neg q_m\}$$

から、論理式 φ が演繹できる。また、w において論理式 φ が偽ならば、同じ仮定集合から論理式 $\neg\varphi$ が演繹できる。

要するに、固定された可能世界 w において、論理式 φ を構成する命題記号 p が真なら、それを仮定し、偽なら ¬p を仮定する、ということを全命題記号に対して行うと、w において論理式 φ が真ならそれが導けるし、偽ならその否定が導ける、というわけです。

この補題の理解を深めるため、具体例を見てみます。

例えば、論理式 φ を p∨q とします。そして、可能世界 w において、p が真、q が偽としましょう。すると、w において、論理式 φ は真です。このとき、この補題は、

仮定集合 {p, ¬q} から論理式 φ（つまり、p∨q）が演繹できる

ということを主張しているわけです。実際、p を仮定すれば、

［∨導入］によってp∨qが演繹できますから、この例では成り立っています。

　この補題の証明（の要約）は後回しにして、この補題を前提として完全性定理を証明してしまいましょう。

　今、論理式φを恒真式と仮定し、これが自然演繹で演繹できることを示します。

　論理式φが、命題記号$A_1, A_2, \cdots, A_n$から構成されているとしましょう。

　このとき、命題記号$A_1, A_2, \cdots, A_n$がすべて真となる可能世界をw_1とします。論理式φは恒真式ですから、可能世界w_1において、論理式φは真となります。すると、先ほどの（補題）を使えば、仮定集合$\{A_1, A_2, \cdots, A_n\}$から論理式$\varphi$を演繹できます。

　次に、命題記号$A_1, A_2, \cdots, A_{n-1}$がすべて真、$A_n$が偽となる可能世界を$w_2$とします。この可能世界$w_2$においても、論理式$\varphi$は真となります。恒真式だからです。すると、（補題）によって、仮定集合$\{A_1, A_2, \cdots, A_{n-1}, \neg A_n\}$から論理式$\varphi$を演繹できます。

　このような状況、すなわち、仮定集合$\{A_1, A_2, \cdots, A_n\}$からも、仮定集合$\{A_1, A_2, \cdots, A_{n-1}, \neg A_n\}$からも、論理式$\varphi$が演繹できるときは、実は、仮定集合$\{A_1, A_2, \cdots, A_{n-1}\}$から（つまり、$A_n$も$\neg A_n$もどちらも仮定しないで）論理式$\varphi$を演繹できる、ということがわかるのです！　それには、［∨除去］の推

論規則を使います。演繹図は次のようになります。

図 A1

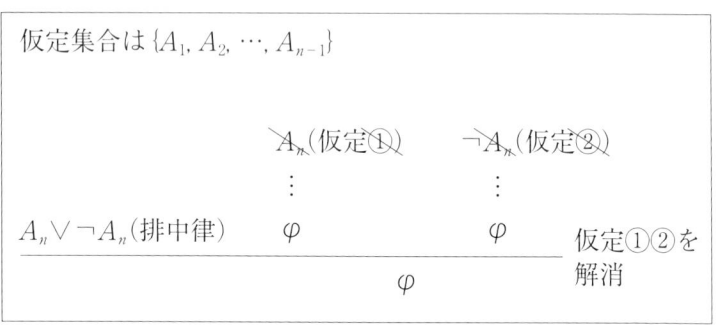

説明を補いましょう。仮定集合$\{A_1, A_2, \cdots, A_n\}$から論理式$\varphi$を演繹できることから、仮定集合$\{A_1, A_2, \cdots, A_{n-1}\}$の下で、$A_n$を仮定すると$\varphi$が演繹できます。また、仮定集合$\{A_1, A_2, \cdots, A_{n-1}, \neg A_n\}$から論理式$\varphi$を演繹できることから、仮定集合$\{A_1, A_2, \cdots, A_{n-1}\}$の下で、$\neg A_n$を仮定しても$\varphi$が演繹できます。他方、排中律$A_n \vee \neg A_n$は、解消されない仮定なしに演繹できます（169ページの練習問題6.3。解答は344ページ）。そこで、図のように、推論規則［∨除去］を用いて、φを演繹し、仮定A_nと仮定$\neg A_n$を解消できるわけです。

　以上から、仮定集合$\{A_1, A_2, \cdots, A_{n-1}\}$から論理式$\varphi$を演繹できることがわかりました。同じ手続きを繰り返せば、仮定集合

から命題記号を1つずつ減らすことができて、最後にはすべてなくしてしまうことができます。すなわち、論理式φを解消されない仮定なしに演繹できる、というわけです。これで、（補題）を前提とすれば、完全性定理の証明が完了しました。

それでは、（補題）がなぜ成り立つかの解説をしましょう。ただし、これは詳細にやると長いので、要約にとどめます。

この（補題）の証明には、論理式φに含まれる論理記号（∨，∧，¬，→，⊥）の個数に対する数学的帰納法を使います。（数学的帰納法は、自然演繹の推論規則ではありませんが、今は演繹システム内部の証明ではなく、演繹システムを外側から分析するメタ証明なので、どんな証明法を使ってもかまいません）。今、命題記号はAとBの2つの場合で説明します（一般性は失いません）。可能世界wではAは真、Bは偽とします。

（ステップ1）．論理式φに論理記号が含まれない場合

論理記号が含まれないので、論理式φはAかBかいずれかです。Aならば、論理式φは真ですが、それは仮定集合{A, ¬B}から演繹できます。Aを演繹図に置けばいいだけです。Bならば、論理式φは偽ですが、そのときは仮定集合{A, ¬B}から¬Bが演繹できます。¬Bを演繹図に置くだけです。

（ステップ2）．論理式φに論理記号が1個含まれる場合

論理式φは、次のいずれかの形をしています。

$$\varphi_1 \to \varphi_2, \ \varphi_1 \land \varphi_2, \ \varphi_1 \lor \varphi_2, \ \lnot \varphi_1$$

ここに、φ_1やφ_2は、AあるいはBのいずれかです。ここでは、$\varphi_1 \to \varphi_2$の場合だけを例として解説します。

（2.1）　$\varphi_1 \to \varphi_2$が真のケース。

この場合、φ_1が偽か、φ_2が真かどちらかです。

φ_1が偽だと、ステップ1によって、仮定集合$\{A, \lnot B\}$から$\lnot \varphi_1$が演繹できます。したがって、以下の演繹図で$\varphi_1 \to \varphi_2$が演繹できます。

―（演繹図）――――――――――――――――――――

1.　$\lnot \varphi_1$（仮定集合$\{A, \lnot B\}$から導出）

2.　φ_1（仮定①　あとで解消）

3.　$\bot$　（1, 2, $\lnot$除去）

4.　φ_2（矛盾）

5.　$\varphi_1 \to \varphi_2$（2, 4, $\to$導入, 仮定①を解消）

φ_2が真の場合は、ステップ1によって、仮定集合$\{A, \lnot B\}$からφ_2が演繹できます。この場合は、以下の演繹図で$\varphi_1 \to \varphi_2$が演繹できます。

```
┌─（演繹図）──────────────────────────────┐
│                                        │
│ 1.  $\varphi_1$（仮定①　あとで解消）      │
│                                        │
│ 2.  $\varphi_2$（仮定集合{A, ¬B}から導出）│
│                                        │
│ 3.  $\varphi_1 \to \varphi_2$（1, 2, →導入, 仮定①を解消）│
│                                        │
└────────────────────────────────────────┘
```

(2.2)　$\varphi_1 \to \varphi_2$ が偽のケース。

この場合、φ_1 が真で、φ_2 が偽です。このとき、$\neg(\varphi_1 \to \varphi_2)$ が演繹できることを示します。

ステップ1によって、仮定集合{A, ¬B}から φ_1 と $\neg\varphi_2$ が両方演繹できます。このとき、$\neg(\varphi_1 \to \varphi_2)$ の演繹図は以下のような背理法を使うものとなります。

```
┌─（演繹図）──────────────────────────────┐
│                                        │
│ 1.  $\varphi_1 \to \varphi_2$（仮定①　あとで解消する）│
│                                        │
│ 2.  $\varphi_1$（仮定集合{A, ¬B}から導出）│
│                                        │
│ 3.  $\varphi_2$（1, 2, →除去）          │
│                                        │
│ 4.  $\neg\varphi_2$（仮定集合{A, ¬B}から導出）│
│                                        │
│ 5.  ⊥（3, 4, ¬除去）                    │
│                                        │
│ 6.  $\neg(\varphi_1 \to \varphi_2)$（5, ¬導入, 仮定①を解消）│
│                                        │
└────────────────────────────────────────┘
```

これで、$\varphi_1 \to \varphi_2$ に対しては、演繹されました。他の3種類、$\varphi_1 \wedge \varphi_2$, $\varphi_1 \vee \varphi_2$, $\neg\varphi_1$ も同様にできますが、参考文献に譲り

ます（参考文献 [9]）。

(ステップ3). 論理式 φ に論理記号が k 個含まれるまでは正し
いとして、論理記号が $k+1$ 個含まれる場合を
示す。

最も外側は、次のいずれかの形をしているはずです。

$$\varphi_1 \rightarrow \varphi_2, \ \varphi_1 \wedge \varphi_2, \ \varphi_1 \vee \varphi_2, \ \neg \varphi_1$$

どのケースであったとしても、（ステップ2）と同じ作業で、
（補題）が正しいことが証明できます。

このようなステップ・バイ・ステップのプロセスで、（補題）
は証明されるわけです。

補足B. 「等号の演繹システムの完全性定理」の証明

179ページで、次の定理を紹介しました。

┌─ (等号の演繹システムの完全性定理) ────────────

　等号の演繹システム Γ の言語で記述された等式を $t:=:s$
とする（t と s は項）。この等式 $t:=:s$ が、Γ のすべてのモ
デルにおいて真になるとき、等式 $t:=:s$ は Γ の公理と推論
規則によって演繹できる。
└─────────────────────────────────

ここで、この定理の証明のおおざっぱな解説をすることにします。ただし、この定理の証明は、高度な数学概念を用いるので、完璧な証明を与えることはしません。

　最初に証明のアイデアをざっくり述べると次のようなものです。

（証明のアイデア）

　等号の演繹システムΓのモデルMで、次のようなものが存在することを示す。すなわち、Γの等式t:=:sをモデルMで解釈したものをt'=s'とすれば、等式t:=:sがΓで演繹できる場合に限り、t'=s'がモデルMで真になる。

　もし、上記のようなモデルMが存在するなら、Γのすべてのモデルで真になる等式というのは、モデルMでも真でなければなりませんから、それはΓで演繹できる、ということになります。言ってみれば、モデルMはΓを解釈する「最も小さい可能世界」「最も余力のない可能世界」という感じのものです。

　さて、モデルMをどう構成するか、ということですが、これがけっこう、高度なのです。「同値関係による商集合」という概念を使うからです。まず、「同値関係による商集合」について説明しましょう。

今、ある集合Aのすべての要素を、特定の性質によって「グループ分け」することを考えます。グループ分けというのは、私たちが日常的に行っている作業で、何かの「類似性」を基準にして行うものです。集合Aの2つの要素aとbが、指定された特定の関係にある場合に、

$$a \sim b$$

と記します。このような「〜」を「**2項関係**」と呼びます。例えば、

集合A = {太郎、次郎、花子、幸子}

に対して、「aはbを好き」の場合にa〜bと決めれば、1つの2項関係が導入されます。また、「aとbが同性」の場合にa〜bと決めれば、別の2項関係が導入されます。

集合A = {自然数}

のケース（ただし、1以上とします）では、「$a \leqq b$」の場合に$a \sim b$と決めたり、「$a - b$が3で割り切れる」場合に$a \sim b$と決めたりすれば、それぞれに2項関係が導入されます。

　このようないろいろな2項関係「〜」の中でも、特に次の3つの性質をすべて備える2項関係は大切で、「**同値関係**」と呼ばれます。

(i)　a〜a

(ii)　a〜bならばb〜a

(iii)（a〜bかつb〜c）ならば、a〜c

各々次を表しています。

(i)　自分と自分は必ず、〜の関係で結ばれている

(ii)　関係〜は順番を入れ替えても成り立つ

(iii) 関係〜が連鎖すること

　集合A＝{太郎、次郎、花子、幸子}の例で「aはbを好き」の場合にa〜bと定めたときは、各々次を表すことになります。

(i)　自分は自分を好き

(ii)　誰かが誰かを好きなら、それは必ず両想い

(iii) 自分が好きな人が好きな人なら、自分もその人が好き

この場合、(i) は成り立つかもしれませんが、(ii)(iii) は一般には成り立たないでしょう。他方、同じ集合について、「aとbは同性」の場合にa〜bと定めたときは、各々次を意味します。

(i)　自分と自分は同性

(ii)　aとbが同性なら、bとaは同性

(iii) aとbが同性で、bとcが同性なら、aとcは同性

これらは、明らかに全部成り立つので、この関係〜は同値関係となります。

　集合Aが（1以上の）自然数の集合のとき、「$a \leqq b$」を$a \sim b$と定めたなら、(i) は成り立ち、(iii) も（不等号の推移律から）

成り立ちますが、(ii) は成り立たないから、同値関係とはなりません。一方、「$a-b$ が3で割り切れる」を $a \sim b$ と定めたときは、(i) は $a-a=0$ が3で割り切れることから成り立ち、(ii) は $a-b$ が3で割り切れるなら、$b-a=-(a-b)$ も3で割り切れるから成り立ち、(iii) は、$a-b$ と $b-c$ が3で割り切れるなら、$a-c=(a-b)+(b-c)$ も3で割り切れることから成り立つので、これは同値関係となります。

　同値関係を使うと、次のように「**集合をグループ分けする**」ことができます。

　今、集合Aの要素の間の2項関係「$\sim$」が定義されていて、それが同値関係だったとします。そのとき、集合Aの任意の要素xをとり、xと「$\sim$」の関係にあるものをすべて集めたAの部分集合 C_1 を作ります。正確に定義するなら、

$$C_1 = \{p \mid p \text{ はAの要素　かつ　} x \sim p\}$$

ということです。次に集合Aの要素で、部分集合 C_1 の要素でないものyがあるなら、yと「$\sim$」の関係にあるものをすべて

集めたAの部分集合 C_2 を作ります。以下同様に続けて、集合Aの要素がもれなくどれかに属したら終了します。この作業で作られた集合Aの部分集合たち、$C_1, C_2, \cdots, C_n, \cdots$、それぞれを「**同値関係 $\sim$ による同値類**」と呼びます。そして、これらを集めた「集合の集合」である $\{C_1, C_2, \cdots, C_n, \cdots\}$ のことを、「**集合Aの同値関係 $\sim$ による商集合**」と呼び、$A/\sim$、と記します。

集合 A = {太郎、次郎、花子、幸子} に対する同値関係「a と b は同性」を見てみましょう。まず、A から太郎を取り出します。そして、太郎と「〜」の関係（同性の関係）にあるものを探します。それは太郎自身と次郎です。したがって、

$$C_1 = \{太郎、次郎\}$$

が最初の同値類です。次に、同値類 C_1 に属さない要素として、花子を選びます。そして、花子と「〜」の関係（同性の関係）にあるものを探します。それは花子自身と幸子だから、

$$C_2 = \{花子、幸子\}$$

です。これで A の要素はすべて C_1 か C_2 に属したから、作業を終了します。このように、集合 A は 2 つの同値類 C_1 と C_2 に、重なりなく、分類されます。C_1 とは「男」の集合であり、C_2 とは「女」の集合であり、集合 A が「男」と「女」という 2 つの特性に分類されるわけです。

　次に、集合 A が自然数の集合に対する同値関係「$a-b$ が 3 で割り切れる」による商集合を見てみましょう。

　まず、集合 A から要素 1 を選び、1 と「〜」の関係にある数を集めます。すなわち、「$x-1$ が 3 で割り切れる x」を集めればいいわけです。

$$C_1 = \{1, 4, 7, 10, \cdots\} = \{x \mid x は 3 で割ると 1 余る数\}$$

次に、これに含まれない A の要素として 2 を選びます。すると、

$$C_2 = \{2, 5, 8, 11, \cdots\} = \{x \mid x は 3 で割ると 2 余る数\}$$

となります。この2つの同値類に含まれないAの要素として、3を選べば、

$$C_3 = \{3, 6, 9, 12, \cdots\} = \{x \mid x は 3 の倍数\}$$

となります。これですべての自然数が尽くされたので、この同値関係「〜」による同値類はC_1とC_2とC_3の3つです。これは、「3で割った余りが同じ」ということを「類似性」と捉えて、その類似性によって自然数の集合をグループ分けしたことになります。

　同値類というのは、「類似性を持つ複数の要素を同一視して1つの要素と見なしてしまう」、という技術です。例えば、集合A＝{太郎、次郎、花子、幸子}の例では、太郎〜次郎という同性の人間を1つの「男」という存在として「同一視」してしまい、花子〜幸子という同性の人間を「女」という存在として「同一視」してしまうわけです。太郎の属する同値類を［太郎］と記し、次郎の属する同値類を［次郎］と記すなら、これはともに集合C_1＝{太郎、次郎}ですから、

$$［太郎］＝［次郎］(＝C_1)$$

という等式を作ることができます。これで、見かけの違うものが等式で結べるようになったわけです。太郎と次郎は、集合Aの中では異なる存在ですが、商集合A／〜の中でその同値類を探せば（計算すれば）、同じもの（同じ計算結果）C_1になる、ということです。

同様にして、Aを自然数の集合として、同値関係「$a-b$が3で割り切れる」で商集合A/～を構成すれば、そこにおける1と4の同値類は同じ$C_1 = \{1, 4, 7, 10, \cdots\}$となりますから、

$$[1] = [4] (= C_1)$$

という等式が得られます。

以上を踏まえて、いよいよ、等号の演繹システムΓの完全性定理の証明を与えましょう。

今、Γの言語で構成される項の全体を集合Aとします。例えば、106ページの公理たちで与えた演繹システムが、この演繹システムΓである場合には、項$x+y$や、項$x \times (y+z)$などがAに属します。

次に集合Aに属す項たちの間に次のような二項関係を導入します。

（Aの属する項tとsが$t \sim s$を満たす）

$\Leftrightarrow$（演繹システムΓで、等式$t := s$が演繹できる）

このように導入された二項関係「～」が同値関係となるのは、次のように簡単にわかります。

(i)　$t \sim t$が成り立つ。なぜなら、等号の公理によって、任意の項tに対して、$t := t$が演繹できるから。

(ii) $t \sim s$ が成り立つなら、$s \sim t$ が成り立つ。なぜなら、等式 $t \mathrel{\vdots=\vdots} s$ が演繹できるなら、対称律によって、$s \mathrel{\vdots=\vdots} t$ が演繹できるから。

(iii) $t \sim s$ と $s \sim u$ が成り立つなら、$t \sim u$ が成り立つ。なぜなら、等式 $t \mathrel{\vdots=\vdots} s$ と等式 $s \mathrel{\vdots=\vdots} u$ が演繹できるなら、推移律の推論規則によって、$t \mathrel{\vdots=\vdots} u$ が演繹できるから。

このようにして、導入した「$\sim$」が同値関係とわかりましたから、項の集合 A の「$\sim$」に関する商集合 A$/\sim$ を作ることができます。これが、（アイデア）の中で述べたモデル M にあたるのです。以下、112 ページで与えた例について、これを検証して行きましょう。

　まず、A$/\sim$ が等号の演繹システム Γ のモデルであることを確かめます。

　実際、Γ の公理となっている等式を M で解釈したものは真となります。例えば、

　　　　公理 T6　$x \times (y+z) \mathrel{\vdots=\vdots} x \times y + x \times z$

を考えます。項 $x \times (y+z)$ の A$/\sim$ における解釈は、その同値類 $[x \times (y+z)]$ です。同様に、項 $x \times y + x \times z$ の A$/\sim$ における解釈は、その同値類 $[x \times y + x \times z]$ です。

　ここで、等式 $x \times (y+z) \mathrel{\vdots=\vdots} x \times y + x \times z$ は、Γ で演繹できます。公理だから、そのまま演繹図に置けば良いのです。した

がって、「～」の定義から、$x \times (y + z) \sim x \times y + x \times z$ となります。したがって、商集合の定義から、$A / \sim$ において、$x \times (y + z)$ の同値類（計算結果）と $x \times y + x \times z$ の同値類（計算結果）は一致しますから、M における等式

$$[x \times (y + z)] = [x \times y + x \times z]$$

が得られます。「 $:=:$ 」ではなく、「 $=$ 」であることに注意してください。他の公理たちについても同様で、すべて M において真となります。そればかりではなく、これらの公理の中の x, y, z に対して、$M (= A / \sim)$ のいかなる対象を代入したものも、M において真の等式となります。ちょっと考えると、「代入律」の推論規則を使えばいいとわかるでしょう。ただし、M の中での足し算や掛け算をどう定義したらいいか、についてもきちんと考えなければなりませんが、大変な作業なので、本書では省略します（気になる人は参考文献［12］を見てください）。

　以上によって、$M (= A / \sim)$ が Γ のモデルであるとわかりましたが、M で解釈して真となる等式は、同値関係「～」の定義から、Γ で演繹できる等式以外の何ものでもありませんから、（証明のアイデア）が得られたことになります。

補足C. ニセ自然数はメカ自然数Qのモデルであることの確認

　ここでは、283ページで省略した「ニセ自然数はメカ自然数Qのモデルである」ことの確認をすることとします。

　通常の自然数については確かめるまでもないので、αとβについてだけ確かめます。

公理Q1　$\forall x(\mathrm{S}x \,\dot{\ne}\, 0)$

αの次はα、βの次はβで、どちらも0ではないので成り立つ。

公理Q2　$\forall x \forall y(\mathrm{S}x \,\dot{=}\, \mathrm{S}y \rightarrow x \,\dot{=}\, y)$

xの次とyの次がともにαなら、$x = y = \alpha$でなければならない。xの次とyの次がともにβなら、$x = y = \beta$でなければならない。したがって、成り立つ。

公理Q3　$\forall x(x \,\dot{\ne}\, 0 \rightarrow \exists y(x \,\dot{=}\, \mathrm{S}y))$

$x = \alpha$なら、$y = \alpha$ととれば、xはyの次となる。$x = \beta$なら、$y = \beta$ととれば、xはyの次となる。したがって、成り立つ。

公理Q4　$\forall x(x + 0 \,\dot{=}\, x)$

$\alpha + 0 = \alpha$、$\beta + 0 = \beta$は、取り決め方から成り立つ。

公理Q5　$\forall x \forall y(x + \mathrm{S}y \,\dot{=}\, \mathrm{S}(x + y))$

$x = \alpha$でyが自然数のとき、$x + (y$の次$) = \alpha$、$((x + y)$の次$) = (\alpha$の次$) = \alpha$で、成り立つ。

$x=\beta$ で y が自然数のときも同じ。

$y=\alpha$ のとき、x がなんであれ、$x+(y\text{の次})=x+\alpha=\beta$、$((x+y)$ の次$)=(\beta\text{の次})=\beta$ で、成り立つ。

$y=\beta$ のときも同じ。

公理Q6 $\forall x(x\times0:=:0)$

$x=\alpha$ のとき、取り決めから、$\alpha\times0=0$ で成り立つ。$x=\beta$ のときも同じ。

公理Q7 $\forall x\forall y(x\times Sy:=:(x\times y)+x)$

$x=\alpha$、$y=0$ のとき、$x\times(y\text{の次})=\alpha\times1=\beta$、$(x\times y)+x=0+\alpha=\beta$ だから成り立つ。

$x=\alpha$、y が0以外のなんでものとき、$x\times(y\text{の次})=\beta$、$(x\times y)+x=\beta+\alpha=\beta$ だから成り立つ。

$x=\beta$、y がなんでものときも同じ。

x が自然数で、$y=\alpha$ のとき、$x\times(y\text{の次})=x\times\alpha=\alpha$、$(x\times y)+x=\alpha+x=\alpha$ だから成り立つ。

x が自然数で、$y=\beta$ のときも同じ。

以上によって、確認が完了しました。

補足 D. 「ホフスタッターの定理」の証明（メタ証明）

---（ホフスタッターの定理）---

MIU の演繹システムでは、項 MU を演繹できない。

この定理は、「公理 MI からスタートして、4 つの推論規則を使って、項 MU を作り出すことはできない」ということを意味します。先に証明のアイデアを書いてしまうと、次の補題を証明することにあります。

（補題）

MIU の演繹システムで演繹できる項 x に対して、そのホフスタッター数 $hn(\mathrm{x})$ を 3 で割った余りは、1 または 2 である。すなわち、決して 0 にはならない。

試しに、図 D1 の演繹図を 3 で割った余りを書いてみると、

図 D1

(MIU)	(ホフスタッター数)	(3 で割った余り)
MI	31	1
MII	311	2
MIIIII	31111	1
MUI	301	1
MUIU	3010	1

確かに、余りは1または2で、0が出てきていません。

もしも、この補題が正しいなら、ホフスタッターの定理は即座に証明できます。なぜなら、項MUのホフスタッター数 $hn(\mathrm{MU})=30$ は、3で割ると余り0ですから、決して演繹できないわけです。

　以下、補題を証明します。方針はすこぶる明快で、「項yのホフスタッター数を3で割った余りが1か2ならば、yに4つの推論規則のどれを用いて演繹した項xについても、xのホフスタッター数を3で割った余りは1または2である」ということを示します。スタートにあたる公理MIのホフスタッター数31は3で割って余りが1なので、以下、これからスタートして演繹したどの項についても、その項のホフスタッター数を3で割った余りは1または2となる（0にはならない）、というわけです。

（補題の証明）

　項xを演繹するステップ数に関する数学的帰納法を用いる。

$$（自然数 m を3で割った余り）=（m の各ケタの数字の和を3で割った余り）$$

という性質を用いる。

（1ステップの演繹の場合）

　演繹されているのは、公理MIであるから、$hn(\mathrm{MI})=31$ を3

で割った余りは1。したがって、証明された。

（1以上の任意の自然数kに対して、kステップについては正しいと仮定した場合）

kステップで演繹された項をy、$(k+1)$ステップで演繹された項をxとする。帰納法の仮定から、$hn(y)$を3で割った余りは1または2である。

（0）項xが公理MIである場合。

これは、（1ステップ）のケースで証明済み。

（1）項xが項yから推論規則1を使って演繹された場合

（例：図D1のステップ4からステップ5）。

自然数$hn(x)$は自然数$hn(y)$の末尾に0を付け加えたものである。各ケタの数字の和は同じだから、$hn(x)$を3で割った余りは、$hn(y)$と同じである。したがって、正しい。

（2）項xが項yから推論規則2を使って演繹された場合

（例：図D1のステップ1からステップ2）。

自然数$hn(x)$は自然数$hn(y)$の冒頭以外の部分を繰り返したもの。自然数$hn(y)$の冒頭の数字は明らかに3であるから、自然数$hn(y)$の冒頭以外の数字の和を3で割った余りは、1または2。したがって、余りが1だった場合、$hn(x)$の各ケタの数字の和を3で割った余りは2となる。余りが2だった場合は、$hn(x)$の各ケタの数字の和を3で割った余りは（$2 \times 2 = 4$を3で割った余りであるから）1となる。いずれの場合でも、正しい。

（3）項xが項yから推論規則3を使って演繹された場合

　　（例：図D1のステップ3からステップ4）。

　　自然数$hn(x)$は自然数$hn(y)$の111の部分を0に置き換えたもの。$hn(x)$の各ケタの数字の和は自然数$hn(y)$の各ケタの数字の和から3を引いたもの。したがって、正しい。

（4）項xが項yから推論規則4を使って演繹された場合。

　　自然数$hn(x)$は自然数$hn(y)$の00の部分を削除したもの。$hn(x)$の各ケタの数字の和は自然数$hn(y)$の各ケタの数字の和と一致する。したがって、正しい。

　　以上によって、ステップkで正しいなら、ステップ（$k+1$）でも正しいことが証明された。

（証明終わり）

　　この証明を見れば、わかる通り、ホフスタッターの定理は、MIUの演繹システムを素朴自然数の中の理論に移植し、素朴自然数の数論的な性質に帰着させて証明するわけです。このアイデアを、ものすごく高尚にしたのがゲーデルの証明と言ってもいいでしょう。

練習問題の解答

（第1章：39ページ）

練習問題1.1

$xy=0$ ならば、$x=0$ または $y=0$

練習問題1.2

$(a \rightarrow b) \wedge (\neg a \rightarrow c)$

（第2章：62ページ）

練習問題2.1

可能世界	p	q	¬q	¬p	¬q→¬p
w_1	真	真	偽	偽	真
w_2	偽	真	偽	真	真
w_3	真	偽	真	偽	偽
w_4	偽	偽	真	真	真

練習問題2.2

可能世界	p	q	p→q	p∧(p→q)	(p∧(p→q))→q
w_1	真	真	真	真	真
w_2	偽	真	真	偽	真
w_3	真	偽	偽	偽	真
w_4	偽	偽	真	偽	真

（第3章：84ページ）

練習問題3.1

(1) aを実数とするとき、条件 $(a-2)(a-3)=0$ は条件 $a=2$ の （ 必要 ） 条件であるが、（ 十分 ） 条件ではない。

(2) 条件「$a+5>0$かつ$b<0$」は条件「$a+5>b$」の （ 十分 ） 条件であるが、（ 必要 ） 条件ではない。

練習問題3.2

(1)

p	q	¬(p∨q)	¬p∧¬q
真	真	偽	偽
偽	真	偽	偽
真	偽	偽	偽
偽	偽	真	真

(2)

p	q	¬(p∧q)	¬p∨¬q
真	真	偽	偽
偽	真	真	真
真	偽	真	真
偽	偽	真	真

（第4章：104ページ）

練習問題4.1

```
♡7                    (   公理   )
( ♡7♡8              ) ( 推論規則 )
( ♡7♡8♡9           ) ( 推論規則 )
( ♡7♡8♡9♡10        ) ( 推論規則 )
( ♡7♡8♡9♡10♡J      ) ( 推論規則 )
♡7♡8♡9♡10♡J♡Q        ( 推論規則 )
```

練習問題4.2

```
(定理 MUIU の演繹図)
MI          (公理)
MII         (推論規則 ( 2 ))
MIIII       (推論規則 ( 2 ))
MIIIIIIII   (推論規則 ( 2 ))
MUIIII      (推論規則 ( 3 ))
MUIIU       (推論規則 ( 3 ))
```

(第5章：132ページ)

練習問題5.1

$((y+z) \times x \mathrel{:=} y \times x + z \times x$の演繹図$)$

1. $x \times y \mathrel{:=} y \times x$ （公理T4）
2. $x \times z \mathrel{:=} z \times x$ （1，（代入律））
3. $x \times y + x \times z \mathrel{:=} y \times x + z \times x$ （1，2，（合成律））
4. $x \times (y+z) \mathrel{:=} x \times y + x \times z$ （公理T6）
5. $x \times (y+z) \mathrel{:=} y \times x + z \times x$ （3，4，（推移律））
6. $x \times (y+z) \mathrel{:=} (y+z) \times x$ （1，（代入律））
7. $(y+z) \times x \mathrel{:=} x \times (y+z)$ （6，（対称律））
8. $(y+z) \times x \mathrel{:=} y \times x + z \times x$ （5，7，（推移律））

(第6章：169ページ)

練習問題6.1

(1) $p \vdash \neg\neg p$

(2)

$$\cfrac{\cfrac{\neg p \;① \qquad p \;②}{\bot} \text{［矛盾］}}{\neg\neg p} \text{［¬導入］仮定①を解消}$$

(解説) まず、①で¬pを仮定します。これは、最後には解消されます。次に、②でpを仮定します。これは解消されない仮定です。¬pとpから⊥(矛盾)が導かれ、それによって、①の否定である¬¬pを演繹し、仮定①を解消します。

練習問題6.2

$$
\frac{\cfrac{\text{q ①}}{}\quad}{\quad}
$$

```
q ①
p ②
────────── [→導入，①を解消]
q→p
────────── [→導入，②を解消]
p→(q→p)
```

（解説）　①でqを仮定します。これはあとで解消されます。次に、②でpを仮定します。これもあとで解消されます。qを仮定するとpが導かれたので、q→pを演繹し、仮定①を解消します（→導入）。さらに、pを仮定したことで、q→pが導かれたので、p→(q→p) を演繹して、仮定②を解消します（→導入）。仮定した①と②はともに解消されました。

練習問題6.3（少し難問）

```
                              p ①
                        ────────────── [ ∨導入 ]
        ¬(p∨¬p)②        p∨¬p
        ──────────────────────────── [ ¬除去 ]
                    ⊥
              ────────────── [ ¬導入　①を解消 ]
                   ¬p
              ────────────── [ ∨導入 ]
¬(p∨¬p)②        p∨¬p
────────────────────────── [ ¬除去 ]
            ⊥
        ────────── [ 背理法　②を解消 ]
        p∨¬p
```

（解説）　まず、①でpを仮定します。これは途中で解消されます。これから、p∨¬pを導きます（∨導入）。次に②で、¬(p∨¬p) を仮定します。これも最後に解消されます。p∨¬pと

¬(p∨¬p) から矛盾が導かれます（¬除去）。pを仮定したことから矛盾が演繹されたので、¬pを演繹して、仮定①を解消します（¬導入）。今導かれた¬pから、p∨¬pを演繹します（∨導入）。②で仮定した¬(p∨¬p) とこれから、再度、矛盾が導かれます（¬除去）。②で¬(p∨¬p) を仮定したことから、矛盾が導かれたので、p∨¬pを演繹して、仮定②を解消します（背理法）。

（第7章：198ページ）

練習問題7.1

（証明）　論理式tと論理式sが同値な論理式であることから、tとsの真偽はすべての可能世界で常に（**一致する**）。したがって、tが真となる可能世界ではsは常に（　**真**　）。このとき、自然演繹の（**完全性**）定理・拡張版から、仮定集合{t}から論理式sが演繹できる。仮定集合{s}から論理式tが演繹できることも同様である。

　また、仮定集合{t}から論理式sが演繹でき、仮定集合{s}から論理式tが演繹できると仮定する。このとき、自然演繹の（**健全性**）定理・拡張版から、tが（　**真**　）の可能世界では、sも必ず（　**真**　）であり、sが（　**真**　）の可能世界では、tも必ず（　**真**　）である。すなわち、論理式tと論理式sはすべての可能世界において（**一致する**）。

お勧め文献・参考文献

（啓蒙書・入門書）

[1] 野崎昭弘『不完全性定理』ちくま学芸文庫（2006）
→不完全性定理のわかりやすい解説、簡易的な証明を掲載。

[2] 新井紀子『コンピュータが仕事を奪う』日本経済新聞出版社（2010）
→ヤノマミの話、論理・コンピュータ・AI・ネットの関係を解説。

[3] ホフスタッター『ゲーデル、エッシャー、バッハ－あるいは不思議の環』野崎昭弘・他訳、白揚社（2005、20周年記念版）
→MIUゲーム、不完全性定理、コンピュータ科学、遺伝子工学など。

[4] 小島寛之『文系のための数学教室』講談社現代新書（2004）
→意味論と構文論についての簡単な解説。

[5] 小島寛之『無限を読みとく数学教室』角川ソフィア文庫（2009）
→集合論・数理論理の歴史を概説している。

[6] 小島寛之『数学的推論が世界を変える』NHK出版新書（2012）
→論理とコンピュータと金融の関係、クリプキ可能世界論を解説。

[7] 小島寛之『数学でつまずくのはなぜか』講談社現代新書（2008）
→MIUゲームの論理教育への応用、フォン・ノイマンの自然数、数学的帰納法について解説。

（教科書）

[8] オールウド, アンデソン, ダール『日常言語の論理学』産業図書, 公平珠躬・他訳（1979）
→数理論理の入門書、可能世界論を用いているところが特徴的。

[9] 前原昭二『記号論理入門』日本評論社（2005）

→自然演繹を詳しく解説。最もお勧めの教科書。

[10] 鹿島亮『数理論理学』朝倉書店（2009）

→自然演繹を基礎にして健全性定理（拡張版）・完全性定理・不完全性定理を解説。

[11] Smith, P "An Introduction to Gödel's Theorems" Cambridge（2007）

→メカ自然数、ロビンソンのQ、PA、ニセ自然数を解説。最も参考になった本。

（専門書）

[12] 田中一之『数の体系と超準モデル』裳華房（2002）

→等号の演繹システム、完全性定理・不完全性定理の完璧な証明を掲載。シークエント計算を土台にしている。1−無矛盾を仮定している。

[13] 新井敏康『数学基礎論』岩波書店（2011）

→完全性定理・不完全性定理の完璧な証明を掲載。ゲーデル・ロッサーの定理を導入し、無矛盾性だけを仮定。ヒルベルトの体系を土台にしている。

[14] 菊池誠『不完全性定理』共立出版（2014）

→数理論理のメタ定理たちの哲学的解釈がふんだんに書いてある。

[15] 古森雄一・小野寛晰『現代数理論理学序説』日本評論社（2010）

→CLwの解説。自然演繹・ヒルベルトの体系・シークエント計算に詳しい。

[16] 小野寛晰『情報科学における論理』日本評論社（1994）

→クリプキ意味論・直観主義について詳しい。

[17] 田中一之・鈴木登志雄『数学のロジックと集合論』培風館（2003）

→集合論とフォン・ノイマンの自然数を解説。

（哲学書）

[18] ラッセル『数理哲学序説』平野智治訳、岩波文庫（1954）

→数学的帰納法の歴史、フレーゲの理論について解説。

論理学とのなが〜い闘い

筆者は、人生の節目節目で、論理学と出会いました。順を追って書いてみましょう。

（第一の出会い）高校生のとき、ゲーデルの不完全性定理に興味を持った。

このときは、意味論も構文論も全くわかっていませんでした。

（第二の出会い）数学科の学生のとき、数理論理の講義を受講した。

証明論の講義だったと思うのですが、あまり出席せず、せっかくの受講が無駄になってしまいました。

（第三の出会い）塾講師のとき、中高生に証明や論理を教えた。

この時期、数理論理の専門家が同僚にいて、論理教育について議論する機会に恵まれました。シークエント計算を教えてもらい、目からウロコでした。このあたりから、意味論と構文論の重要性を意識するようになり、論理学の勉強の必要性を感じはじめました。

（第四の出会い）経済学の専門家として、数理論理が必要不可欠になった。

意思決定理論やゲーム理論では、人間が決断を下すときの論理的構造が重要です。

　筆者はこのように、長年、論理学と悪戦苦闘を繰り広げてきました。今回は、その闘いに一区切りをつけることができたと思います。本を書くというのは、自分の知識をまとめるのに最も適した作業だからです。本書を書きあげることで、論理学に対する筆者の積年の想いを果たすことができました。

　論理学とは、数学における証明や論理のあり方を解明することに留まらず、「私たちがものを考えるとはどういうことか」を追求する方法論でもあります。そういう意味で、論理学は哲学でもあります。筆者は、数学も大好きですが、哲学にも関心があります。本書は、通常の数理論理の教科書よりも、「人間の認識」のほうに焦点を寄せて書きました。同じような問題意識を持つ読者の皆さんに、多少の手応えを与えることができれば本望です。

　本書は、これまでの技術評論社の拙著・共著と同様、成田恭実さんに編集していただきました。成田さんは、なかなか着手できない筆者を励まし、辛抱強く待ってくださいました。そして、成田さんのアイデアと工夫と助言が、本書をずいぶんと読みやすくしました。ここにお礼を申し上げます。

2016年11月

小島 寛之

索引

証明と論理に強くなる
～論理式の読み方から、ゲーデルの門前まで～

2017年 2月 1日　初版　第1刷発行

著　者　小島 寛之
発行者　片岡　巌
発行所　株式会社技術評論社
　　　　東京都新宿区市谷左内町21-13
　　　　電話　03-3513-6150　販売促進部
　　　　　　　03-3267-2270　書籍編集部

印刷／製本　株式会社加藤文明社

定価はカバーに表示してあります。

●ブックデザイン　大森裕二
●カバーイラスト　竹中　誠
●本文DTP　株式会社 森の印刷屋
ISBN978-4-7741-8664-1　C3041
Printed in Japan